広がりゆく
トポロジーの
世界
― 言語としての
ホモトピー論 ―

玉木 大 著

現代数学社

はじめに

「トポロジー」とは一体何なのだろうか。私がトポロジーに興味を持った理由の一つは, この疑問にありました。当時高校生だった私は, 講談社のブルーバックスのシリーズに「組み紐の幾何学 — 実用から位相幾何の世界へ —」という本 [村杉邦82] を見つけ, そのタイトルにある「位相幾何」という聞き慣れない言葉を理解したいと思い, 大学に入ったら「位相幾何学 (トポロジー)」をやろう, と決意しました。もちろん, 高校数学からは想像もできないような, ぐにゃぐにゃした紐を数学の対象とするという「高度な数学」に対する憧れもありました。

ところが, 大学に入っても講義ではそのような「ぐにゃぐにゃしたもの」には御目にかかりません。当時は今と違って, 大学では授業に出るものではない, という雰囲気があり, 2, 3年次の授業の内容を1年次に自主ゼミで勉強するのが普通でした。先輩が作った自主ゼミのガイドブックのような冊子があり, そこに書かれていた本の中で「トポロジー」に関係していそうなものを読ん

はじめに

ではみたのですが, ピンと来ませんでした。 確かに位相空間論は「位相」という名前も付いていますし, トポロジーの基礎として重要ですが, 「トポロジー」とは呼べない, と思いました。ホモロジーはかなりいい線をいっている気がしたのですが, 代数的な面が強く, 「ぐにゃぐにゃしたもの」を扱っている気がしませんでした。

という具合で, 「トポロジー」が何なのかしっくりこない状態で4年次にセミナー (講究と言いましたが) で「トポロジー」を勉強し, 大学院で「トポロジー」を専攻し, 何と学位ももらってしまいました。 そして, 「トポロジー」を教える立場になっても, 「これがトポロジーだ!!」と自信を持って言える確信のようなものはありませんでした。当時の学生には申し分けないと思うのですが, ファイバー束, K理論, ホモロジー代数, トポロジーの歴史, など試行錯誤しながら色々なネタ[1]で「実験的に」講義をさせてもらいました。

この中で「トポロジーの歴史」を講義してみようと思ったときに, Poincaré の「Analysis Situs」 [Poi96] をつまみ読みし, Dieudonné の「A History of Algebraic and Differential Topology」[Die89] を眺めたことで, 新たに自分の中に「トポロジー観」ともいうべきものが形成され, それ以降少しづつ自信を持って「トポロジー」を教えられるようになってきました。 そして, そのようにしてできた「トポロジー観」は, 当然ではありますが,

---

[1] 4年次の卒業研究のテーマは, 更に好き勝手やらせてもらい, バラエティに富んでいました。 こちらは今もそうですが。

はじめに

高校生のときに想像したものとは大きく異っていました。

　本書は,「理系への数学」の連載として書かれたものに加筆訂正を行なったものです。連載の話を「理系への数学」編集部からいただいたときにまず思いついたのは, この私自身の「トポロジー観」の形成のプロセスでした。トポロジーに対しては, 私が高校生だったときに抱いていた「柔らかい幾何学」というイメージを持っている方も多いと思うのですが, そのような方にも「トポロジーとは何か」ということを一度考え直してもらいたい, と思ったわけです。

　連載のときのタイトルは, あらかじめ編集部で付けていただいた「位相幾何学への招待」というものでしたが, 単行本化にあたり, 内容に合わせてタイトルも変更しました。連載の最後 (本書の第14章) に書きましたように, 個人的には, トポロジー, 特に代数的トポロジーやホモトピー論と呼ばれる分野の役割としては, 数理科学の様々な分野に現れる複雑な構造の記述言語を創出することが重要だと考えています。そのため, 幾何学の一分野というしがらみを断ち切り, 様々な分野の共通言語としてのホモトピー論を紹介したかったわけです。ここで「ホモトピー論」という言葉を使いましたが, 耳慣れない人も多いかもしれません。実は, タイトルも「ホモトピー論の可能性」にしようかと考えたこともありましたが, トポロジーの方が親しみやすいかと思い「広がりゆくトポロジーの世界」とし, 副題として「言語としてのホモトピー論」を付けました。

iii

はじめに

　基本的には，それぞれの連載を一つの章としました。ただ，連載ごとにあった参考文献は巻末にまとめました。連載時には紙数の関係で必要最小限の参考文献しか挙げなかったのですが，まとめる際にできるだけ多くの参考文献を収録するよう努力しました。

　本書により，トポロジーの世界の広がりを少しでも感じていただければ幸いです。

本書での約束

本文を始める前に，いくつか約束をしておきたいと思います:

- 人名は，可能な限り原語表記とする。ただし，ロシア人のように原語表記にすると読み方の見当もつかないような場合は，一般的と思われるアルファベット表記とする。

- 数学用語は可能な限り日本語を使うが，まだ対応する日本語が確立していないものについては，英語表記とする。日本語の数学用語については，初出時に対応する英語を併記する。

- 数学用語は，正確な定義よりその意味するところを説明することに重点を置く。定理についても，証明は当然のこと，正確な条件を述べることもほとんどないだろう。その代わりとして，できるだけ多くの文献を挙げるようにしたので，詳しくはそれらの文献を見てもらいたい。

はじめに

謝辞

　本書の元になった連載中,そして連載が終った後も,何人もの方から励ましや好意的なコメントを頂いたことで,単行本化することを決心しました。コメントを頂いた全員のお名前を漏らさず挙げる自信がないので,お名前を挙げることは控えさせてもらいますが。

　そして当然ですが,単行本化の提案をしていただいた現代数学社の富田 淳氏には,連載時から非常にお世話になりました。単行本化の提案を2010年5月にいただいたときにはすぐに完成できると思い,実際一つにまとめるまではすぐにできたのですが,内容の確認,更新,そして加筆がなかなか進まず,2012年に入っても完成しませんでした。2012年2月に直接御会いし励ましていただいたおかげで,何とか完成させることができました。深く感謝します。

目次

はじめに　　　　　　　　　　　　　　　　　　　　　　i

目次　　　　　　　　　　　　　　　　　　　　　　　　vi

1 トポロジーとは何か?　　　　　　　　　　　　　　1
1.1 トポロジーの進む道 . . . .　1
1.2 トポロジーの視点 . . . .　10

2 ホモロジーのアイデア　　　　　　　　　　　　　15
2.1 球面とトーラスの違い . . . .　16
2.2 Poincaré のアイデア . . . .　18
2.3 様々なホモロジー . . . .　23

3 ファイバー束とホモトピー　　　　　　　　　　　31
3.1 ファイバー束 . . . .　32
3.2 被覆ホモトピー定理 . . . .　37
3.3 ファイブレーション . . . .　41

4 分類空間について　　　　　　　　　　　　　　　47
4.1 Milnor の構成 . . . .　48
4.2 Milgram の構成と単体的手法 . . . .　51

4.3 小圏の分類空間 56
  4.4 分類空間として表わされるもの 58

5 関手の微積分 61
  5.1 関数と関手 61
  5.2 ホモトピー極限 65
  5.3 ホモトピー関手のテイラー・タワー 72

6 何でもモデル圏 75
  6.1 モデル圏とは? 76
  6.2 モデル圏の例 81
  6.3 モデル圏の効用 87

7 並列処理とホモトピー 89
  7.1 並列処理 90
  7.2 Progress Graphでのホモトピー 95
  7.3 並列処理とモデル圏 98

8 多重ループ空間からオペラッドへ 103
  8.1 オペラッドの起源：多重ループ空間 . . . 104
  8.2 オペラッドの定義 110
  8.3 オペラッドの世界の広がり 113

9 ホモトピー的代数 117
  9.1 代数的構造のホモトピー化 118
  9.2 ホモトピー結合性 121
  9.3 ホモトピー的代数の例 126

10 組み合せ論と代数的トポロジー 131
  10.1 組み合せ論とトポロジーの関係 131
  10.2 ポセットとして表せるもの 134
  10.3 グラフからポセットを作る 136

vii

| 10.4 組み合せ論的代数的トポロジー 141

11 超平面配置と有向マトロイド　147
11.1 超平面配置とは 148
11.2 複素ベクトル空間では 151
11.3 実超平面配置の複素化と有向マトロイド 154

12 トポロジーと工学　161
12.1 自律走行ロボットの制御 161
12.2 センサー・ネットワーク 168

13 ストリング・トポロジー　177
13.1 基点自由なループ空間 178
13.2 曲面とストリング積 185

14 高次の圏とホモトピー論　191
14.1 位相的場の理論 192
14.2 高次の圏による精密化 197
14.3 ホモトピー論の役割 204

Loose End　207

参考文献　215

索引　229

1 トポロジーとは何か?

1.1 トポロジーの進む道

トポロジー,あるいは位相幾何学とは何でしょうか。数理科学に興味を持っている読者なら,位相幾何学という言葉から,位相空間や多様体の性質を調べる幾何学の一種ということを連想をする人が多いのではないかと思います。確かに位相空間や多様体はトポロジーの主要な研究対象ですが,現在では,トポロジーで発見されたアイデアや枠組みは様々な数理科学の分野で使われるようになっていて

$$位相幾何学 = 位相 + 幾何学 \tag{1.1}$$

という解釈は誤解を招く恐れがあります。英語では

$$\text{topology} = \text{topos} + \text{logos}$$

ですから,幾何学という言葉は入っていません。このような理由から,本書では,敢えてトポロジーという言葉に拘っていきたい

1. トポロジーとは何か?

と思います。

　本書の元になった連載のお話を現代数学社の編集部からいただいた際に, 何をテーマにするか色々考えました. 序文にも書きましたが, そのとき思いついたのは, 少し現代数学を聴きかじったことのある人が持っているだろう「ゴム膜の幾何学」というトポロジーのイメージを壊してみてはどうかということでした.

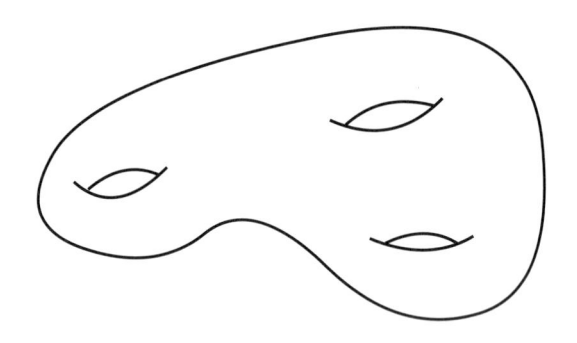

図 1.1: ゴム膜の幾何学

　近年, 従来はトポロジーの研究対象ではなかったものにもトポロジーのアイデアや視点がどんどん導入され, 様々な興味深い結果が得られているのですが, 数学者の中にも (1.1) というイメージでトポロジーは幾何学の一種だと思い込んでいる人はたくさんいます. トポロジーの専門家の中にも … いや, もしかするとトポロジストの方がそのような思い込みが強いかもしれません. そこで, 本書を利用して「新しいトポロジー像」を考え直してみ

1.1. トポロジーの進む道

ようと思ったわけです。

もちろん，具体的な空間や写像の幾何学的性質について詳しく調べているトポロジーの研究者も多く，それらの仕事を否定するつもりは全くありません。読者の中にも，近年3次元のPoincaré 予想が解決されたことを耳にした方もいらっしゃるでしょう。3次元多様体というのは非常に難しい研究対象であり，それに関し本質的に新しい結果を得るというのは大変なことです。Perelman の結果 [Perc; Perb; Pera] や関連した研究は非常に重要な仕事だと思います。ただ，この本書ではそのような個別の問題を扱うのではなく，視点をずっと高いところに置き，トポロジーのアイデアが登場する様々な場面を鳥瞰してみようというわけです。

ここで，執筆前に思いついたネタを挙げてみると，次のようになります。

- トポロジー的組み合せ論
- 計算機科学の並列処理の理論
- 代数幾何学の新しい枠組み
- 数理物理学等に現れる様々な複雑な代数的構造
- 圏論の高次元化
- 工学へのトポロジーの応用
- …

1. トポロジーとは何か?

組み合せ論は幅広い分野で,トポロジーの黎明期によく使われた単体的複体や胞体複体も現代の組み合せ論の研究対象です。そのような古典的なトポロジーの研究対象は,組み合せ論的にはポセット (poset, partially ordered set) として扱われることが多いのですが,逆に,任意のポセットには順序複体 (order complex) と呼ばれる単体的複体が付随します。実は,ポセット P から順序複体 $\Delta(P)$ を構成する方法は,小圏 (small category) C から分類空間 (classifying space) BC を構成する方法[1]の特別な場合です。小圏の分類空間は,空間や群の「極限[2]」のホモトピー論的な精密化である「ホモトピー極限」の構成などに中心的な役割を果す重要な概念ですが,その「ホモトピー極限」のテクニックがZieglerら [WZŽ99] によって,組み合せ論にも導入されています。他にも,Björner, Babson, そして Kozlov などがトポロジーの技術を積極的に組み合せ論に導入し「Topological Combinatorics[3]」という分野を提唱しています。

ここで,本書の副題にもなっている「ホモトピー論」という言葉が出てきましたが,これは連続的変形の数学的な表現であるホモトピー (homotopy) という概念を中心に研究するトポロジーの

---

[1] 分類空間は第4章のテーマです。
[2] 読者の中には,空間や群の極限についても馴染みがない人が多いかもしれません。ホモトピー極限については,第5章の中で簡単に解説します。
[3] つい最近,Kozlovは「Combinatorial Algebraic Topology」という本 [Koz08] を出版しました。

1.1. トポロジーの進む道

一分野[4]です。 二つの連続写像

$$f, g : X \longrightarrow Y$$

の間の連続的変形, つまり連続写像

$$H : X \times [0,1] \longrightarrow Y$$

で $X \times \{0\}$ と $X \times \{1\}$ への制限が, それぞれ f と g であるもの, というのが最も基本的なホモトピー ですが, 例えば鎖複体 (chain

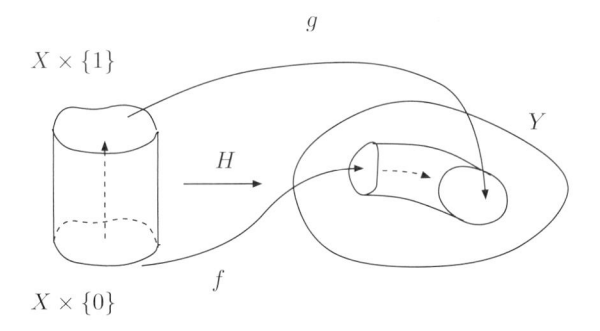

図 1.2: ホモトピー

complex) の間の写像に対しては, チェイン・ホモトピー (chain homotopy) という概念が定義されます。このように「連続写像の連続的変形」以外にも, ホモトピーが登場する場面が色々あり, それらを統一して扱うために Quillen が著書 [Qui67] で導入したのが, モデル圏 (model category) という概念です。 そのタイト

---
[4]あるいは, トポロジーから派生した分野と言った方が誤解が少ないかもしれません。

1. トポロジーとは何か?

ルにもあるように, ホモロジー代数の一般化としてホモトピー代数 (homotopical algebra) と呼ぶこともできます。 よって, 大雑把に言えば, ホモトピー論とはモデル圏の研究と言っても過言ではない[5]かもしれません。

このモデル圏という概念は, 近年トポロジー以外の分野でも使われるようになっています。 例えば, 計算機科学の並列処理の理論[6]では, Gunawardena の発見 [Gun94] が切っ掛けになり, 並列処理におけるデータの流れを表わすために, Gaucher などが積極的にモデル圏による定式化を試みています。 また, 代数幾何学(?)では Grothendieck が Quillen とは独立に, ホモトピー論の枠組みについて考えていたようです。 「代数多様体の (安定) ホモトピー論」としては, Voevodsky の仕事 [Voe98] が有名ですが, 他にも最近は様々な試みがあります。 「非可換代数幾何学」を目指すものもあります。 代数多様体のような幾何学的対象を含みホモトピー論的な議論ができる圏を構築しようという試みにとっては, モデル圏の概念は重要な指針となります。 他にも Lárusson [Lár04] のように複素多様体を含むモデル圏を構築しようとしている人もいます。

このような大枠としてのホモトピー論以外にも, ホモトピー論の研究の過程で考え出された概念や技術で, 様々な分野に使われるようになってきたものもあります。 代表的なものとしては, オ

---

[5]近年, Lurie ら [Lur09a] により, $(\infty, 1)$圏 ($(\infty, 1)$-category) を様々な幾何学やホモロジー代数学の基礎として使うことが提唱され, 大きな流れになっています。 そのような枠組みでも, やはりモデル圏の構造は重要な役割を果しています。

[6]第7章のテーマです。

1.1. トポロジーの進む道

ペラッド (operad) やその一般化をまず挙げるべきでしょう。簡単に言えば, 2個以上のものを掛けるときに何種類もの方法があるような演算を扱うための概念です。普通の実数や複素数の積は, 2個の元に対し定義されます。3個の元を掛けるときは, 順番に掛けます。結合法則が成り立つので, どの順番で掛けても答えは同じになります。

$$(a \cdot b) \cdot c = a \cdot (b \cdot c)$$

ところが, 川の流れのように最終的な答えだけでなく, 途中どこでどのように合流するかが重要になる場合もあります。次の二つの川は流域に住んでいる人にとって本質的に異なる流れです。真ん中の支流の上流で大雨が降ったとき, 右の場合は図の町Aは

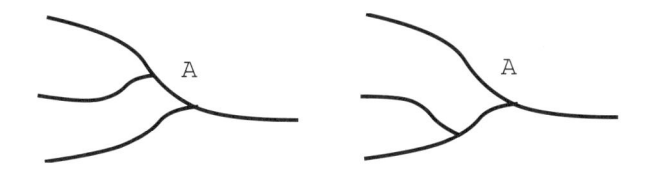

図 1.3: 川の流れ

被害を受けませんが, 左の場合は洪水になるでしょう。

この川の例に現れたような図形を木 (tree) と言います。川の場合上流下流が決っているので, 下流の方を根っこみなし, 根つき木 (rooted tree) と言います。更に平面上に描かれているので平面根つき木 (planar rooted tree) というものになります。このような平面根つき木全体の集合がオペラッドの基本的な例で

1. トポロジーとは何か?

す.根っこの付いた木と思うと「接木」をすることができますが,「接木」という操作ができることがオペラッドの最も重要な性質の一つです.

トポロジーでは,(多重)ループ空間 (loop space) の積を考えるときに同様のことが起り,その構造を正確に表わすために1970年代前半に May が考え出した [May72] 概念がオペラッドです.この概念が,様々な複雑な代数的および幾何学的構造を表わすのに有用だというのが分かってきたのは1990年代になってからです.以来,数理物理学を始めとして様々な分野で使われています.

トポロジーの具体的な問題への応用としては,Ghrist が中心となって行っている工学の問題への応用があります.

- 平面上に配置されたセンサーの有効性をホモロジー群で調べる.

- 工場の中のような決った道筋を複数のロボットが動くときに,お互いにぶつからないで動けるかをグラフの配置空間 (configuration space) のトポロジーを用いて調べる.

- 流体力学への接触構造 (contact structure) の応用.

- 組み紐 (braid) の偏微分方程式への応用.

などなど,驚くようなところにトポロジーをどんどん応用しています.筆者は2007年6月にシンガポール国立大で開催された組み紐群の研究集会で Ghrist の講演を初めて聴きましたが,そこで彼

1.1. トポロジーの進む道

が「トポロジーは使える道具だということを工学の研究者に宣伝している」と言っていたのが印象的でした。

本書の一つの目標は，このようなトポロジーのアイデアが使われている例をできるだけ多く解説することにより「トポロジストの視点」を理解してもらい，読者に「トポロジーとは何か」，そして「トポロジーはどこに進もうとしているのか」を考えてもらうことです。もっとも，どちらかというと「ホモトピー論の視点」と言った方が正確かもしれませんが。そのための例として，「理系への数学」の連載初回に挙げたのは以下の話題でした:

- ホモトピー結合性・可換性とオペラッド

- モデル圏の登場する様々な場面

- ホモロジー代数のホモトピー化

- 高次の圏と圏化 (categorification)

- 関手の微積分

- 組み合せ論とトポロジー

- 弦理論とトポロジー

- トポロジーの工学や計算機科学への応用

もちろん，この計画通りに筆が進んだわけではなく，超平面配置のように後で追加した話題もありますし，圏化のように言葉だけ辛うじて触れただけ，というものもあります。また，このような

1. トポロジーとは何か?

新しい話題について書く前に, ホモロジーのようなトポロジーの基本的なアイデアについて, 何回かかけて説明しました。

1.2 トポロジーの視点

というわけで, 本章のタイトルである「トポロジーとは何か」は, 本書を通しての読者への宿題としたいと思います。 もし自分なりの「トポロジー観」がまとまったら, 是非送って下さい。 えっ, ずるい? そうですね。自分の「トポロジー観」を全く何も語らず, 読者に「トポロジーとは何か」を考えさせるのはあんまりだと思うので, この章の残りのページで, 私が個人的に持っているトポロジーに対するイメージを少し述べることで, 本書の全体像を想像してもらいたいと思います。

序文にも書きましたが, 私がトポロジーに興味を持ったのは高校生のとき, ブルーバックスという自然科学に関する新書版のシリーズの中にあった組み紐の本 [村杉邦82]を読んだのが切っ掛けでした。 そのとき新鮮だったのは, 連続的変形という直感的には明らかなのに, いざ具体的な数式等で述べようとするとどうやったら良いかわからない[7]ような概念を数学の対象としての扱うという視点でした。 その連続性を厳密に扱うということも含め, 私は次の三つがトポロジーにおける基本的な視点だと思っています。

---
[7]高校生にとって

1.2. トポロジーの視点

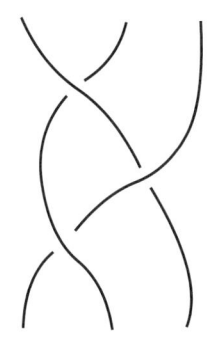

図 1.4: 組み紐

- 本質的な情報を取り出す (不変量による研究)

- 連続的変形 (だいたい同じということ) を厳密に扱う

- グローバルな視点 (全体を考える)

数学史の専門家ではないので，トポロジーの起源が誰のどの研究であるのか判断することはできませんが，この三つの視点を持った数学者が揃うようになったのは，第二次世界大戦が終ってから，1950年代ぐらいではないかと思います。その辺りで，近代トポロジーの流れがハッキリするようになりました。

　もちろん，この三つの視点のそれぞれはかなり古い時代から認識されていました。「本質的な情報を取り出す」例として，1735年の L. Euler による Königsberg の橋の問題の解決は有名です。Euler は，全ての橋を一回づつ通る渡り方を見付けるという問題が，橋の長さや島の大きさには無関係であることに気がつきまし

1. トポロジーとは何か?

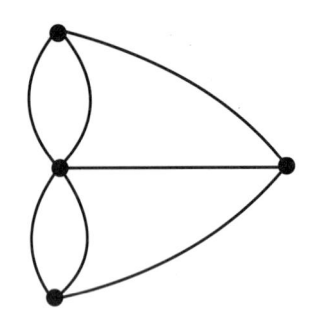

図 1.5: グラフ

た。 グラフ[8] (graph) の言葉で述べると Euler の発見したことは次のようになります。

定理 1.2.1. グラフ G の全ての辺を 1 回だけ通る道が存在するための必要十分条件は, 奇数本の辺が集まっている頂点が 0 個または 2 個であることである。

現在では, このような話題はトポロジーというより組み合せ論に属する問題ですが, 「長さや大きさは本質的ではない」ということに気づいたのは Euler の偉いところだと思います。 また Euler は, Euler標数 (Euler characteristic) と呼ばれる数 $\chi(G)$ も定義しました。グラフ G に対しては

$$\chi(G) = G \text{ の頂点の数} - G \text{ の辺の数}$$

---
[8]グラフとは, いくつかの点を曲線で結んでできる図形のことです。

1.2. トポロジーの視点

です。また G が平面グラフのとき，G により $\mathbb{R}^2$ を分割して得られる有界な領域の数も考えると

$$G \text{ の頂点の数} - G \text{ の辺の数} + \text{有界な領域の数} = 1$$

になることも示しました。平面 $\mathbb{R}^2$ を一点コンパクト化して球面 S^2 で考えるとすべての領域が有界になり

$$G \text{ の頂点の数} - G \text{ の辺の数} + \text{領域の数} = 2$$

という公式が得られます。この公式を用いると，例えば 3 次元正多面体が分類できます。その後，Euler 標数は高次元の単体的複体に，そしてホモロジー群[9]を用いた定義に一般化されていきました。以来，本質的な情報をホモロジー群のような不変量として取り出しそれを調べるのは，トポロジーの重要な手法となっています。

　位相不変量は，古くは Euler 標数のように幾何学的対象に対し数を対応させるものでしたが，その後ホモロジー群のように代数的対象を対応させるようになりました。数だと大小を比べるぐらいしかできませんが，群のような代数的対象の間には写像を考えることができ，二つの幾何学的対象を不変量で比較するときに非常に役に立ちます。このように対象とその間の写像を併せ，全体を圏として考えるというのも，トポロジーにより数学に導入された視点として重要なものです。最近では，数や多項式を圏の対象で置き換える，圏化 というプロセスが Khovanov の研

---

[9]ホモロジー群のアイデアについては，第2章で詳しく説明します。

1. トポロジーとは何か?

究 [Kho00] を切っ掛けに盛んに研究されていますが, その起源は Poincaré によるホモロジー群です。

その Poincaré の「Analysis Situs」は斬新なアイデアの宝庫でしたが, 曖昧さを批判され多数の補遺を何年にも渡って出版し補っています。更にその内容を厳密な数学に翻訳するのには, Poincaré 以外の多数の数学者の多大な労力と時間が費やされました。例えば, ホモロジー群一つ取っても, まともな形になったのは30年後, そして全ての位相空間に対し通用する定義が発見されたのは約50年後でした。しかしながら, その努力の副産物(?)として現代数学が大きく発展したのは注目すべきことです。これは, E. Witten の登場により1990年代以降様々な数学の分野が大きく発展してきた過程と, とても良く似ています。本質的な情報を取り出すこととも関係しているのですが, 直感的に「だいたい同じ」とか「だいたいこんな感じ」という感覚は非常に重要で, センスが要求されます。

次回はその「Analysis Situs」で述べられている Poincaré のアイデアを中心に, ホモロジー群の起源について書くことにします。

2 ホモロジーのアイデア

　さて本題に入りましょう．最初のテーマはホモロジー (homology) です．(コ)ホモロジーは Poincaré により導入されたトポロジーの基本的な道具の一つですが，トポロジー以外にも様々な分野で使われるため多様な解釈があります．トポロジーの中に限って (?) も，以下のような見方があります：

1. 多様体の幾何学的構造 (サイクルや微分形式) により定義された不変量

2. 単体的複体の組み合せ論的構造により定義された不変量

3. Eilenberg-Steenrod の公理系 (あるいはその Whitehead による一般化) をみたす (モデル圏の上の) 関手と自然変換の列

4. 多様体のコボルディズム (cobordism) を用いて定義される位相空間の不変量

5. スペクトラム (spectrum) により表現される関手

2. ホモロジーのアイデア

6. モデル圏の上の Goodwillie の意味での線形関手

7. アーベル化関手の Quillen の意味での導来関手

本章では，まず Poincaré の「Analysis Situs」から，ホモロジーの起源となったアイデアについて説明します。そして，その Poincaré のアイデアがどのように発展して，このような様々な (コ)ホモロジーの見方が登場したかについて，簡単に述べたいと思います。もちろん，本章だけでこれら全ての話題をカバーできるわけはありません。またホモロジー代数的には，更に異なる解釈があります。

2.1 球面とトーラスの違い

Poincaré は多様体 (manifold) の性質を調べたくて「Analysis Situs」を書いたようですが，多様体の正確な定義は気にしないことにして，直感的に次の二つの曲面，トーラス (torus) T^2 と球面 (sphere) S^2, を比較してみることにしましょう。

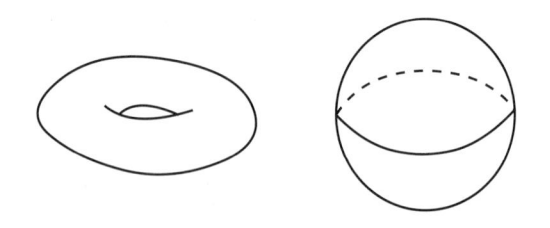

図 2.1: T^2 と S^2

2.1. 球面とトーラスの違い

この二つの曲面が「異なる」ことを説明するにはどうすればよいでしょうか。もちろん，トポロジーの基礎知識のある方は，種数 (genus) という不変量で向き付け可能な閉曲面が分類できることをご存知でしょうが，ホモロジーという概念の起源となったアイデアを探るために，そのような方も自分なりのアイデアで考えてみて下さい。

　…

いかがでしょう？　何かアイデアが思い浮かんだでしょうか。Poincaré のアイデアはというと，1次元の部分多様体を考えるというものでした。1次元の多様体は良く知られて[1]います。

定理 2.1.1. コンパクトで境界の無い連結な 1次元の多様体は S^1 に限る。

では S^2 と T^2 の中に埋め込まれた S^1 を描いてみましょう。もちろん，いくつもあります。S^2 の中の S^1 は，右図のように一

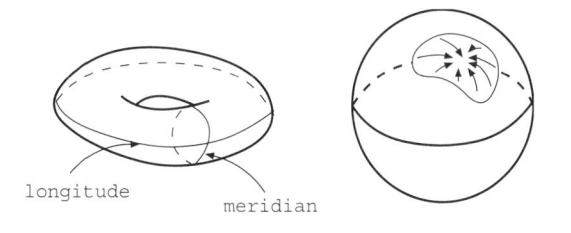

図 2.2: T^2 と S^2 の中の S^1

---
[1]例えば[加藤十78] などに解説があります。

2. ホモロジーのアイデア

点に連続的に潰すことができます。正確には, 有名な Schönflies の定理[2]です。

定理 2.1.2. 部分集合 $C \subset S^2$ が S^1 と同相ならば $S^2 - C$ は円板の内部と同相な二つの連結成分からなる。また, C はそれぞれの連結成分の境界になっている。

これに対し, トーラスでは補集合が連結であるような閉曲線が何通りも取れます。これで, S^2 と T^2 が同相ではないことが確かめられました。Schönflies の定理を使ったのはちょっと狡いですが。Poincaré は, このようにある多様体を調べたいときには, その中にどのような部分多様体が入っていて, それらの間にどのような境界関係があるかを調べればよい, ということに気付いたようです。

2.2 Poincaré のアイデア

Poincaré の独創的な点は, そのような関係を扱うために, 部分多様体を一つの元と考え, その間の演算や関係を考えたことです。ある集合 X の部分集合 A と B に対し, 和集合 $A \cup B$ は「A と B の和」のようなものです。集合という概念が大学の数学で (高校でも?) 普通に使われるようになった[3]今となっては, それほど目新しいアイデアには思えませんが, 19世紀末の当時としては, 非常に斬新なアイデアだと思います。

---
[2]証明は, 例えば Rolfsen の本 [Rol90] などにあります。
[3]新入生には苦労する人も多いようですが。

18

2.2. Poincaré のアイデア

Poincaré の考えたのは次のような関係です.

定義 2.2.1. 多様体 X の向きの付いた境界の無いコンパクト n 次元部分多様体 $M_1, \ldots, M_k$ に対し, 向きのついた X のコンパクト $(n+1)$ 次元部分多様体 W で (向きも含めて)

$$\partial W = M_1 \cup \cdots \cup M_k$$

となるものが存在するとき

$$M_1 + \cdots + M_k \sim 0$$

と書き, $M_1 + \cdots + M_k$ は 0 に**ホモロガス (homologous)** であるという.

また, それぞれが 0 にホモロガスでない $M_1, \ldots, M_k$ が独立であるとは, 整数 $m_1, \cdots, m_k \in \mathbb{Z}$ に対し

$$m_1 M_1 + \cdots + m_k M_k \sim 0$$

ならば $m_1 = \cdots = m_k = 0$ であることとする.

ここで多様体 M の整数倍とは何でしょうか? Poincaré は $m > 0$ に対しては, M の m 個のコピーを作っておき, それらを少しづつずらして共通部分の無い和集合にしたものを想定していました. また $m < 0$ に対しては mM は $|m|M$ の向きを逆にしたものを考えました. もちろん, これでは定義になっていません. 「Analysis Situs」は, このようにツッコミどころ満載でしたので, 様々な人々の批判にあいました.

実際, Poincaré の定義は様々な問題点を孕んでいました:

2. ホモロジーのアイデア

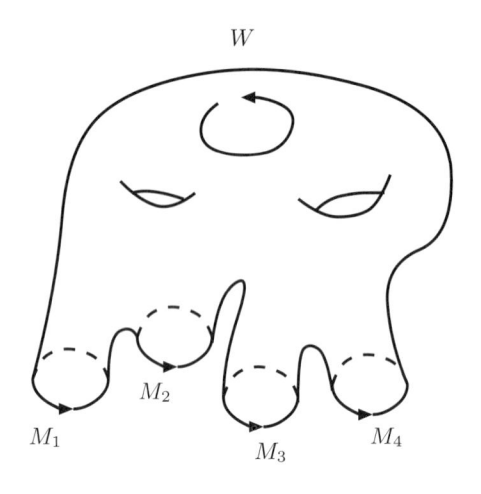

図 2.3: ホモロガス

1. 「少しずらす」とはどういうことか?

2. トーラス T^2 の中のメリディアン (meridian) とロンジチュード (longitude) のように，どんなに「ずらし」ても交わらないようにできない部分多様体の間の関係を考えるにはどうすればよいか?

3. クラインの壺 (Klein bottle) のメリディアン C については $2C \sim 0$ であるが $C \not\sim 0$ である。

最後のものはここでは考えないことにして，上二つの問題点を考えましょう。よく考えると，「少しずらす」というのは，やはり狭い気がします。2番目の問題点が示唆しているように，それ

2.2. Poincaré のアイデア

では解決できない場合もあるので, あまりセンスの良いアイデアとは思えません。

最初に考えられた解決法は, 単体分割を用いるものでした。

定義 2.2.2. 位相空間 X の**単体分割** (simplicial decomposition) とは, 単体的複体 K の幾何学的実現[4] $|K|$ から X への同相写像

$$\varphi: |K| \longrightarrow X$$

のことである。

単体的複体にはいくつかの種類があります。その正確な定義や意味については, Friedman の解説 [Fri12] に譲る[5]ことにして, 単体分割を用いると上記の問題がどのように解決できるか考えてみましょう。 まず, 部分多様体の代わりに何を用いるかですが, もちろん単体 1 つではダメです。境界の無いコンパクト多様体, つまり閉多様体と同じ性質を持ったものを考えないといけません。トーラスの単体分割を与える単体的複体は, 例えば, 図 2.4 のようなもの (の四角形を三角形に分割したもの) が取れますが, メリディアンに対応する三角形は 1単体三つの和集合です。 閉部分多様体の代わりになり得るものは, このような「閉じた単体の和集合」です。ただし, その「和集合」を元の単体的複体の部分集合として考えると, 部分多様体で考えたときと同じ問題が起りま

---
[4] K の単体を全て貼り合せてできる位相空間です。
[5] §4.2 でも少し復習します。 また, 単体的複体については, 組み合せ論との関係で第10章の中で別の面から触れます。

2. ホモロジーのアイデア

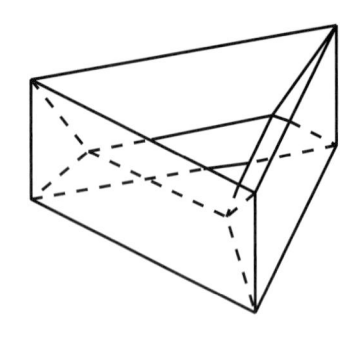

図 2.4: トーラスの単体分割

す。そこで，和集合を「形式的な和集合」として考えます。これを厳密に述べるためには，代数の言葉を使うのが便利[6]です。

単体的複体 K の n 次元単体で生成された自由アーベル群を $C_n(K)$ と表わします。$C_n(K)$ の元 c は K の n 単体の形式的な整数係数の一次結合

$$c = m_1\sigma_1 + \cdots + m_k\sigma_k$$

であり，K の n チェイン (n-chain) と言います。n チェイン c に対しては，単体の境界を拡張し，境界 ∂c が定義できます。K の n サイクル (n-cycle) とは $C_n(K)$ の元 c で境界が 0 のものと定義すると，これが Poincaré の考えた閉部分多様体に対応するものになります。

---

[6]Dieudonné の本 [Die89] によると，ホモロジーの定式化には E. Noether が大きな役割を果していたようです。

境界を取る操作はアーベル群の準同型

$$\partial_n : C_n(K) \longrightarrow C_{n-1}(K)$$

であり, K の n サイクルの集合 $Z_n(K)$ とは ∂_n の核 (kernel) のことです。そして 0 とホモロガスな n チェインの集合 $B_n(K)$ は $C_{n+1}(K)$ からの**境界作用素** ∂_{n+1} の像であり, それらを 0 と思うということは商群 $Z_n(K)/B_n(K)$ を考えるということです。これでホモロジー群の厳密な定義

$$H_n(K) = Z_n(K)/B_n(K)$$

が得られました。

ここで, Poincaré の原始的な幾何学的アイデアが, 形式化のプロセスを経ることにより厳密な代数的定義に昇華するということが起りました。これは, その後の代数的トポロジーの発展の中で何度も起こる重要なプロセスです。

2.3 様々なホモロジー

単体分割による定義は, 単体分割依存性などまだ様々な問題点を抱えていましたが, それも Eilenberg が特異単体 (singular simplex) を導入することにより解決しました。Eilenberg のアイデアは非常に単純ですが, とても示唆に富むものです。

> 単体分割に依存しないようにしたいのだから単体分割を選ばなければよい。つまり, 可能な全ての単体を集

2. ホモロジーのアイデア

める。

では位相空間の単体とは何でしょう。単体分割が同相写像で定義されていたことを考えると，部分集合ではなく写像を用いて定義すべきでしょう。

定義 2.3.1. 位相空間 X の**特異 n 単体** (singular n-simplex) とは連続写像

$$\sigma : \Delta^n \longrightarrow X$$

のことである。ただし Δ^n は標準的な n 次元単体である。

もちろん，特異単体を全て集めたものは単体的複体にはなりませんが，ホモロジーの定義のためには，実は，単体的複体になるかどうかということはどうでもよいこと[7]だったのです。

X の特異 n 単体で生成される自由アーベル群を $S_n(X)$ と書くと，各特異単体の定義域 Δ^n の境界を用いて**境界作用素** (boundary operator)

$$\partial_n : S_n(X) \longrightarrow S_{n-1}(X)$$

が定義できます。これにより全ての位相空間に通用するホモロジー群の構成

$$H_n(X) = \operatorname{Ker} \partial_n / \operatorname{Im} \partial_{n+1}$$

が得られました。Poincaré のアイデアに基いたホモロジー群の構成は，この Eilenberg の方法で完成したと言えるでしょう。そ

---

[7]特異単体を全て集めたものには単体的集合 (simplicial set) という構造が入り，これはとても重要なことです。

の理由の一つは Eilenberg と Steenrod によるホモロジー論の公理化と，その公理系をみたすホモロジーの一意性 [ES52] です．

> でも本当にこれでいいのでしょうか？

よく考えると，この Eilenberg-Steenrod のホモロジー論というのは，Poincaré のアイデアを実現する一つの方法に過ぎません．Poincaré は，多様体を考えたかったはずです．多様体はどこへ行ってしまったのでしょう．

実は，Poincaré のアイデアは多様体を用いても実現できるのです．単体を多様体に戻すだけです．何と単純なアイデアでしょう．これが Thom のコボルディズム[8] (cobordism) です．

定義 2.3.2. 位相空間 X の**特異 n 多様体** (singular n-manifold) とは，向きの付いた n 次元閉多様体 M から X への連続写像

$$f : M \longrightarrow X$$

のことである．

§2.2で述べた Poincaré による「ホモロガス」の定義を拡張して，境界関係により特異 n 多様体の間に**コボルダント** (cobordant) という同値関係を定義すると，その同値類の集合 $\Omega_n(X)$ はアーベル群になり，**コボルディズム群** (cobordism group) と呼ばれます．そしてこのコボルディズム群も Eilenberg と Steenrod のホモロジーの公理をほとんどみたすのです．また Atiyah

---
[8]正確には，この形のものはAtiyah [Ati61] によるものです．

2. ホモロジーのアイデア

と Hirzebruch が Grothendieck のアイデアをトポロジーに輸入してベクトル束 (vector bundle) を用いて定義した K理論 (K-theory) も, Eilenberg と Steenrod のコホモロジーの公理をほとんどみたします. そこでこれらも含めて考えられるようにホモロジーの公理が修正され, **一般ホモロジー論** (generalized homology theory) とその双対版の **一般コホモロジー論** (generalized cohomology theory) が定式化されました. 以下にホモロジー論の定義を述べますがコホモロジー論も同様です.

定義 2.3.3. (簡約)ホモロジー論 (reduced homology theory) とは, 以下の条件をみたす基点付き位相空間の圏からアーベル群の圏への関手 (functor) の列 $\{\tilde{h}_n\}_{n \in \mathbb{Z}}$ である:

ホモトピー公理: ホモトピー不変性を持つ, つまり

$$X \text{ と } Y \text{ がホモトピー同値} \Longrightarrow \tilde{h}_n(X) \cong \tilde{h}_n(Y)$$

完全性公理: コファイブレーション (cofibration) $A \hookrightarrow X \to X/A$ を完全列

$$\tilde{h}_n(A) \longrightarrow \tilde{h}_n(X) \longrightarrow \tilde{h}_n(X/A)$$

に変換する

懸垂公理: 懸垂同型

$$\tilde{h}_n(X) \cong \tilde{h}_{n+1}(\Sigma X)$$

が成り立つ

2.3. 様々なホモロジー

加法性公理: 一点和を直和に変換する

$$\tilde{h}_n\left(\bigvee_{\alpha\in A} X_\alpha\right) \cong \bigoplus_{\alpha\in A} \tilde{h}_n(X_\alpha)$$

説明していない用語や記号が色々ありますが, 気にしないで[9]下さい。 また記述を簡単にするために, 少々不正確な書き方をしてあります。 大事なのは, 多様体やベクトル束などの複雑な幾何学的情報を用いて構成された不変量が, このように簡単に特徴付けられるということです。そして, (コ)ホモロジーの様々な性質が, 全てこの4つの性質から得られるということです。

例えば, K理論は**ホモトピー集合 (homotopy set)** として表わす

$$K(X) \cong [X, \mathrm{BU}\times\mathbb{Z}]$$

ことができますが, 任意の一般コホモロジーも**スペクトラム (spectrum)**[10] と呼ばれる空間の列 $\ldots, E_n, E_{n+1}, \ldots$ を用いて

$$\tilde{h}^n(X) \cong [X, E_n]_*$$

とホモトピー集合として表現[11]できます。 またコホモロジー論に対応するホモロジー論を構成するのも, スペクトラムを用いると簡単です。

---

[9]気になる人は, 例えば[河玉08]などを見て下さい。
[10]スペクトラムという用語は, 関数解析学や代数幾何学など, 数学の様々な分野で異なった意味で使われています。 代数的トポロジーでもスペクトラムと呼ばれる概念があるのです。
[11]ここで*がついているのは, 基点を保つ写像のホモトピー集合という意味で, 簡約コホモロジーを考えるときには必要になります。

2. ホモロジーのアイデア

Dieudonné による代数的トポロジーと微分トポロジー (differential topology) の歴史の本 [Die89] がここで終っていることからも分かるように, 代数的トポロジーの道具としての(コ)ホモロジーの発展は, これで一段落と言えるでしょう.

> でも本当にこれでいいのでしょうか?

まず, 幾何学的な問題に取り組むための道具としては, これでは役に立ちません. 例えば, K理論を表わすスペクトラムを用いると, K理論に対応するホモロジー論をホモトピー群を用いて構成できますが, 数理物理学で D-brane charge を表わすために適しているのは, Baum と Douglas の幾何学的サイクルを用いた Kホモロジー (K-homology) の定義 [BD82] です. Baum たちのアイデアは, ベクトル束だけでなくコボルディズムを用いることですが, その構成方法は Jakob [Jak98] により任意のホモロジー論に一般化されています. よって一般ホモロジーの場合も含め, ホモロジーとは多様体のコボルディズムを用いて定義される不変量と解釈できます.

> でも本当にこれでいいのでしょうか?

ホモロジー論の定義には, ホモトピー同値とコファイブレーションという二種類の写像が登場しますが, 実はコファイブレーションの双対概念として, ファイブレーション (fibration) という種類の写像があります. この三種類の写像と互いの関係が本質的

2.3. 様々なホモロジー

であると見抜いたのは Quillen であり,様々な分野の大域的構造を記述するのに有効なモデル圏という概念[12]を定義しました。ホモロジーをモデル圏の上の関手とみたときには,その定義にファイブレーションが抜け落ちているのが気になりますが,それについては,Goodwillie による関手の微積分[13] (calculus of functors) というアイデアを用いると説明できます。

駆け足でいくつかのホモロジーの解釈をみてきましたが,ホモロジーの有用性は,このような多様な見方があることに起因します。Poincaré により未熟な形で世に出されたおかげで,このように様々な方向に発展してきたホモロジーですが,これからも「本当にこれでいいのか」と自問し続けることは必要だと思います。きっと,まだまだ新しい解釈が発見されていくことでしょう。

次章では,モデル圏を構成する写像の内の残り一つ,ファイブレーションについてお話します。

---

[12] モデル圏については,第6章で簡単に紹介します。
[13] 第5章のテーマです

3 ファイバー束とホモトピー

第1章で,「トポロジーにおける基本観な視点」として次の三つを挙げました[1]:

1. 不変量として本質的な情報を取り出す

2. 連続的変形を扱う

3. グローバルな視点

前章のホモロジーは, 不変量による研究の代表的なものです。また Eilenberg と MacLane が圏と関手の言葉を導入する動機となったものであり, 少しでもトポロジーを知っている人にとっては, グローバルな視点で位相空間全体を考える例として最も馴染み深いものでしょう。

本章では残る一つ, 連続的変形 (ホモトピー) が自然に登場する例として, ファイバー束 (fiber bundle) とその一般化について考えることにします。もちろん, ホモトピー不変性はホモロジーの

---
[1]念のためにもう一度言いますが, 私の主観によるものです。

3. ファイバー束とホモトピー

公理の一つですから,ホモロジーとホモトピーは切っても切れない関係にあります。Poincaré の提案したホモロジーのアイデアは,「少しぐらい変形しても変わらない空間の性質を抽出するものを作る」という目的に基づいていたので,当然と言えば当然ですが。

ところがファイバー束は,幾何学的問題に起源を持ち,多様体の構造を接束 (tangent bundle) や法束 (normal bundle) などとして表わすカッチリしたものにもかかわらず,その同型類がホモトピーで分類されるのです。ファイバー束の同型とは,位相空間の同相に当るものであり,それがホモトピーのような大雑把なもので分類できるとは驚きです。少なくとも私は,Steenrod の本 [Ste51] で主ファイバー束 (principal bundle) の分類定理を最初に見たときに非常に不思議に感じ,なかなか受け入れられませんでした。

3.1 ファイバー束

まずファイバー束とはどういうものか,簡単に説明しましょう。例として Möbius の帯 (Möbius band) を考えます。

Möbius の帯は,よく細長い長方形の帯の端を180°ひねって貼り合わせて作られますが,ここでは線分を束ねて作りましょう。まず円周 (circle) S^1 を用意しておいて,円周の各点 x に線分 $[0,1]$ のコピーをくっつけます。円周上を進むにつれて線分を少しづつ回転させていき,一周したときに丁度線分が180°回転するように

3.1. ファイバー束

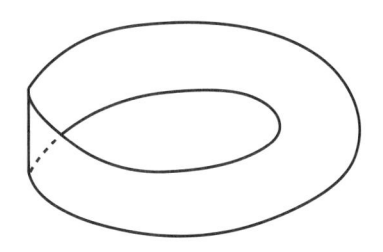

図 3.1: Möbiusの帯

します。

ファイバー束とは, このように, ある空間 X の各点の上に別の空間 F のコピー F_x が乗っかって大きな空間 E ができている

$$E = \bigcup_{x \in X} F_x$$

ようなものです。 この F_x を x 上の**ファイバー (fiber)** といいます。 これを数学の対象として扱うために, $x \in X$ に対し F_x を対応させる関数のようなものと考えたくなりますが, それだと連続性などを考えるのが難しくなります。 発想を転換して写像

$$p : E \longrightarrow X$$

を考え, $x \in X$ の上に $p^{-1}(x)$ が乗っていると考えます。 Möbiusの帯の場合は, 中心線に射影する写像

$$p : M \longrightarrow S^1$$

です。

3. ファイバー束とホモトピー

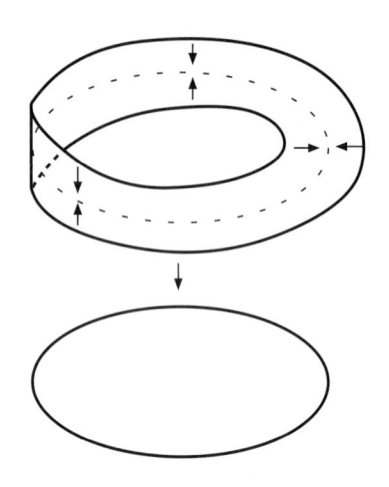

図 3.2: 中心線へつぶす

ファイバー束の正確な定義は Steenrod [Ste51] や Husemoller [Hus94] の本を参照してもらうことにし, ここでは Möbius の帯の例をもう少し考えてみることにします。

Möbius の帯は全体ではひねられていますが, 二つに分けると長方形に同相な二つの束に分かれます。つまり

$$\begin{aligned} U_+ &= S^1 - \{(-1,0)\}, \\ U_- &= S^1 - \{(1,0)\} \end{aligned}$$

とおいて, S^1 を

$$S^1 = U_+ \cup U_-$$

と分けたとき, U_+ と U_- の逆像はひねりのない束と同相になり

3.1. ファイバー束

ます。つまり同相写像

$$\varphi_+ \ : \ p^{-1}(U_+) \xrightarrow{\cong} U_+ \times [0,1],$$
$$\varphi_- \ : \ p^{-1}(U_-) \xrightarrow{\cong} U_- \times [0,1]$$

が存在します。逆に $U_+ \times [0,1]$ と $U_- \times [0,1]$ を貼り合わせれば Möbius の帯ができます。貼り合せは写像

$$(U_+ \cap U_-) \times [0,1] \xrightarrow{\varphi_+^{-1}} p^{-1}(U_+ \cap U_-) \xrightarrow{\varphi_-} (U_+ \cap U_-) \times [0,1]$$

で与えられますが, φ_+ と φ_- が中心線を動かさないことを考えると, この合成は

$$\Phi : U_+ \cap U_- \longrightarrow \mathrm{Homeo}([0,1])$$

で与えられていることが分かります。ここで $\mathrm{Homeo}([0,1])$ は $[0,1]$ の自己同相写像全体の成す群です。$[0,1]$ の自己同相写像の中には恒等写像 $1_{[0,1]}$ 以外に上下をひっくり返す写像

$$r : [0,1] \longrightarrow [0,1]$$

がありますが, この二つで $\mathrm{Homeo}([0,1])$ の位数 2 の部分群

$$\mathbb{Z}_2 \cong \{1_{[0,1]}, r\} \subset \mathrm{Homeo}([0,1])$$

を成します。Möbius の帯の貼り合せはこの位数 2 の部分群の元で行なわれています。このとき, このファイバー束は位数 2 の巡回群 $\mathbb{Z}_2$ を**構造群 (structure group)** として持つと言います。つまり, ファイバー束を各点の近傍上の自明なファイバー束の貼り

3. ファイバー束とホモトピー

合せとして構成したとき, その貼り合せ方を表わすのが構造群です. ファイバー束を考える上で基本的なのが, 構造群とファイバーが同じである主束 (principal bundle) と呼ばれるものです.

定義 3.1.1. G を位相群 (topological group) とする. 構造群とファイバーが共に G であり, 構造群のファイバーへの作用が G の積であたえられているファイバー束を, **主 G 束** (principal G-bundle) という.

Möbius の帯は, 構造群が $\mathbb{Z}_2$ でファイバーが $[0,1]$ ですが, ファイバーの中身を抜いてしまうとファイバーが $\{0,1\}$ のファイバー束ができます. これは, $\{0,1\}$ を $\mathbb{Z}_2$ と同一視すると, S^1 上の

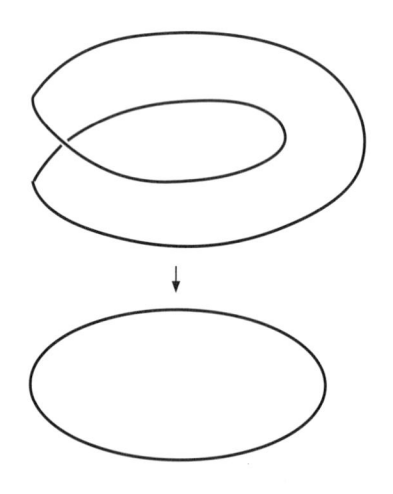

図 3.3: 中身を抜いたMöbiusの帯

主 $\mathbb{Z}_2$ 束とみなすことができます。逆にこの主 $\mathbb{Z}_2$ 束の各ファイバーに $[0,1]$ を貼り付けると Möbius の帯ができます。

このように，ファイバー束の中では主束が最も基本的なもので，一般のファイバー束は主束に同伴 (associate) したものと考えます。では，主束を分類するにはどうすればよいでしょうか? そのための鍵となるのが被覆ホモトピー性質と呼ばれるものです。

3.2 被覆ホモトピー定理

ファイバー束の持つ性質の中で，最も重要なものの一つが被覆ホモトピー性質 (Covering Homotopy Property, 略して CHP) です。被覆空間 (covering space) をご存知の方は，底空間の道やホモトピーがリフトすることを知っていると思います。それと同様に，底空間のホモトピーが全空間にリフトするのです。

定理 3.2.1 (被覆ホモトピー定理). $p : E \to B$ をファイバー束とする。B がパラコンパクト (paracompact)[2] Hausdorff 空間ならば，任意の連続写像

$$f : X \longrightarrow E$$

とホモトピー

$$H : X \times [0,1] \longrightarrow B$$

---
[2]定義は，位相空間論の教科書を見て下さい

3. ファイバー束とホモトピー

で $p \circ f = H|_{X \times \{0\}}$ であるものに対し,次の図式を可換にする ホモトピー $\widetilde{H} : X \times [0,1] \to E$ が存在する:

$$\begin{CD} X \times \{0\} @>f>> E \\ @VVV @VVpV \\ X \times [0,1] @>H>> B \end{CD}$$

この定理から,プルバック (pullback) をとる対応のホモトピー不変性が得られます。ここでプルバックとは次の操作のことです。

命題 3.2.2. $p : E \to B$ を G を構造群とし F をファイバーとするファイバー束とする。連続写像 $f : X \to B$ に対し

$$f^*(E) = \{(x,e) \in X \times E \mid f(x) = p(e)\}$$

と定義すると,第1座標への射影で定義される写像

$$f^*(p) : f^*(E) \longrightarrow X$$

も G を構造群とし F をファイバーとするファイバー束になる。

このファイバー束を f による**プルバック**と言います。X 上の主 G 束の同型類の集合を $P_G(X)$ と書きましょう。すると,この命題は $P_G(-)$ が反変関手 (contravariant functor)

$$P_G : \mathsf{Spaces} \longrightarrow \mathsf{Sets}$$

を与えることを意味しています[3]。 ここで Spaces は, パラコンパクト Hausdorff 空間や CW複体などの「良い」空間とその間の連続写像の成す圏としておきます。 次の被覆ホモトピー定理の系は, この関手がホモトピー不変性を持つことを言っています。

系 3.2.3. $p: E \to B$ をパラコンパクト Hausdorff 空間上のファイバー束とする。 二つのホモトピックな ($f_0 \simeq f_1$) 連続写像

$$f_0, f_1 : X \longrightarrow B$$

に対し, プルバックは同型になる:

$$f_0^*(E) \cong f_1^*(E).$$

ここで位相空間 X から Y への連続写像のホモトピー類の集合, すなわちホモトピー集合 (homotopy set) を $[X, Y]$ で表わすことにしましょう。

$$[X, Y] = \{f : X \to Y \mid 連続\}/ \simeq$$

すると, この系は B 上の主ファイバー束 $\xi = (p : E \to B)$ が一つ与えられると, プルバックによる対応で定義される写像

$$[X, B] \longrightarrow P_G(X) \tag{3.1}$$
$$[f] \longmapsto [f^*(\xi)]$$

が well-defined であることを意味します。前回述べたように, コホモロジーはホモトピー集合として表わすことができますか

---

[3] $(g \circ f)^*(E) \cong f^*(g^*(E))$ を確かめるのはそれほど難しくありません

3. ファイバー束とホモトピー

ら，この $P_G(-)$ という関手もこの対応によりホモトピー集合として表せないかと考えるのは自然です。実際, Steenrod は著書 [Ste51] の中でファイバー束のホモトピー論的な性質を詳しく調べ，この対応が全単射になる条件を見付けました。

定理 3.2.4. G を位相群とし

$$p : E \longrightarrow B$$

を主 G 束とする。もし E が可縮 (contractible), つまり $E \simeq *$ ならば, 任意のパラコンパクト Hausdorff 空間 X に対し, 対応 (3.1) は全単射になる。

対応 (3.1) が全単射になるということは, $E \simeq *$ となる主 G 束は全ての主 G 束の元になっているものと考えることができます。そこでこのような主 G 束を**普遍 G 束 (universal G-bundle)** と言います。

もちろん, 位相群 G に対し普遍 G 束 $p : E \to B$ が存在しなければこの定理は意味がありませんが, Steenrod自身, 直交群 $O(n)$ の閉部分群 G に対しては普遍 G 束が存在することを示していますし, 後に Milnor や Milgram によりほとんど全ての位相群に対し存在することが示されています。Milnor や Milgram の方法では関手として構成されています。

定理 3.2.5. Groups を位相群と連続な準同型の成す圏[4]とする。

---
[4]正確には, 単位元の近傍に関する条件が必要ですが, 細かいことは気にしないことにしましょう。

このとき関手

$$E : \mathsf{Groups} \longrightarrow \mathsf{Spaces}$$
$$B : \mathsf{Groups} \longrightarrow \mathsf{Spaces}$$

と自然変換

$$p : E \longrightarrow B$$

で, 各 G に対し

$$p_G : EG \longrightarrow BG$$

が普遍 G 束であるものが存在する。

これまでのことをまとめると, 次のようになります。

系 3.2.6. 任意のパラコンパクト Hausdorff 空間 X に対し, 自然な全単射

$$P_G(X) \cong [X, BG]$$

がある。

この事実から BG は位相群 G の**分類空間** (classifying space) と呼ばれています。

3.3 ファイブレーション

このように, 1940年代には Steenrod の仕事によりファイバー束とホモトピーが密接に関係していることが分ってきました。その中で最も重要な性質は被覆ホモトピー定理です。 例えば, F

3. ファイバー束とホモトピー

をファイバーとするファイバー束 $p : E \to B$ に対し, ホモトピー群 (homotopy group) の長い完全列 (exact sequence)

$$\cdots \to \pi_n(F) \to \pi_n(E) \to \pi_n(B) \to \pi_{n-1}(F) \to \cdots$$

があることは, Steenrod による普遍 G 束の構成で重要な役割を果している事実ですが, これも被覆ホモトピー定理から証明されます。逆に, 被覆ホモトピー定理が成り立てば, ファイバー束の定義の局所自明性 (local triviality) は必要ありません。Hurewicz は1930年代には被覆ホモトピー性質が重要であることに気がついていたようですが, 有名になったのは Serre の仕事 [Ser51] からです。

定義 3.3.1. 連続写像 $p : E \to B$ が空間 X に対し被覆ホモトピー性質 (Covering Homotopy Property) を持つとは, 図式

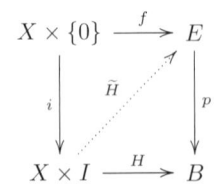

$$\begin{array}{ccc} X \times \{0\} & \xrightarrow{f} & E \\ {\scriptstyle i} \downarrow & {\scriptstyle \widetilde{H}} \nearrow & \downarrow {\scriptstyle p} \\ X \times I & \xrightarrow{H} & B \end{array}$$

の外側が可換のとき, 中の二つの三角を可換にする写像 $\widetilde{H}$ が存在することと定義する。

この言葉を用いれば, 被覆ホモトピー定理は次のように言い換えることができます。

定理 3.3.2. 底空間がパラコンパクト Hausdorff であるファイバー束は, 任意の位相空間に対し被覆ホモトピー性質を持つ。

3.3. ファイブレーション

Serre が注目したのは, 任意の位相空間に対し被覆ホモトピー性質を持つとても有用な写像で, ファイバー束にならないものがあることです。例えば, 基点付き位相空間Xに対し

$$PX = \{\ell : [0,1] \to X \mid 連続, \ell(0) = *\}$$

と定義し

$$p : PX \longrightarrow X$$

を$p(\ell) = \ell(1)$で定義します。これは任意の位相空間に対し被覆ホモトピー性質を持ちますが, ファイバー束にはなりません。

定義 3.3.3. 連続写像 $p : E \to B$ は, 任意の位相空間に対し被覆ホモトピー性質を持つとき **Hurewicz ファイブレーション** (Hurewicz fibration), 任意のCW複体に対し被覆ホモトピー性質を持つとき **Serre ファイブレーション** (Serre fibration) という。

以下, Hurewicz ファイブレーションと Serre ファイブレーションを区別せずに, 単に**ファイブレーション**と言うことにしましょう。この $p : PX \to X$ は, ファイブレーションの最も基本的で重要な例の一つです。というのも, このファイブレーションの一般化として, 任意の連続写像がホモトピーでファイブレーションに変形できることが証明できるからです。これは Serre が発見したもう一つの重要なことです。

3. ファイバー束とホモトピー

定理 3.3.4. 連続写像 $f: X \to Y$ に対し

$$E_f = \{(x, \ell) \in X \times \mathrm{Map}([0,1], Y) \mid f(x) = \ell(0)\}$$

と定義し，写像 $p: E_f \to Y$ を $p(x, \ell) = \ell(1)$ で定義するとこれはファイブレーションになる。また $x \in X$ を $f(x)$ に留まっている道に対応させる写像 $i: X \to E_f$ はホモトピー同値であり，次の図式を可換にする:

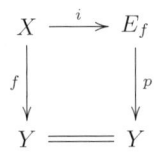

$$\begin{array}{ccc} X & \xrightarrow{i} & E_f \\ f \downarrow & & \downarrow p \\ Y & = & Y \end{array}$$

これは，任意の連続写像 f がホモトピー同値写像 i とファイブレーション p を用いて $f = p \circ i$ と分解できることを意味しています。

Serre の仕事が注目された理由の一つは，ファイブレーションに対してスペクトル系列 (spectral sequence) を構成し様々な空間の(コ)ホモロジーを計算できるようにしたこと，そしてそれを用いてホモトピー群の計算ができることを示したことにあります。前章で述べたように，50年代の初頭には Eilenberg と Steenrod の仕事により古典的(コ)ホモロジーの理論はほぼ完成していました。しかし，その理論を実際の問題に応用するためには，「使える」計算の技術が必要です。その先駆けとなったのが Serre の仕事と言えるのではないでしょうか。

3.3. ファイブレーション

一方で, 空間のホモトピー論的性質を調べる上で, 上記の連続写像をファイブレーションとホモトピー同値の合成に分解するテクニックも重要であることは多くの人に認識されていました。しかしこの性質と被覆ホモトピー性質がファイブレーションの本質であるということが明確な形で認識されるようになるためには, Quillen の登場を待たなければなりませんでした。 Quillen は, その著書 [Qui67] でこの二つの性質とその双対版を中心に, ファイブレーションとコファイブレーションとホモトピー同値を公理化し, モデル圏の概念を導入しました。 そのモデル圏がトポロジー以外, つまり位相空間の圏以外にも様々な場面で「使える」ということが広く認識されてきたのは, つい最近のことです[5]。 ようやく時代が Quillen に追い付いてきたと言えるのではないでしょうか。

次章はそのモデル圏とその様々な例について, と言いたいところですが, それは後回しにして, 本章で登場した分類空間について書くことにします。実は, 分類空間の一般化やその応用についても, Quillen のアイデアが大きな役割を果しています。次章では, Milnor, Milgram, Segal, Quillen, ... と繋がっていく分類空間の構成のアイデアについて述べます。

---

[5]Quillen 自身も含めこのことを認識していた人はもちろんいましたが。

4 分類空間について

　前章では，幾何学的データから自然にホモトピーが現われる例として，主ファイバー束の分類定理を紹介しました。本章では，その際に登場した分類空間の構成について詳しく述べたいと思います。

　分類空間は，位相群 G に対し主 G 束を分類するものとして登場しましたが，その定義は何人もの数学者の手により様々なものへ一般化されています。その中には，「何を分類するか」ではなく，分類空間の構成に着目しそれを一般化したものもあります。中でも特に重要なのは，単体的手法を用いた構成です。

　例えば，グラフや多面体などの組み合せ論的データは，ポセットとして得られることが多いのですが，そのポセットからは自然に順序複体と呼ばれる単体的複体が構成されます。第1章でも触れたことですが，その構成は，実は，位相群の分類空間の構成法と全く同じなのです。

　分類空間は，それ自体とても重要なものですが，その構成法も

4. 分類空間について

単体的手法の応用として最も重要なものの一つです。ここでは, 単体的手法の解説も含め分類空間の構成を述べることにします。

4.1 Milnor の構成

さて, 位相群の分類空間の構成ですが, 定理 3.2.4 によると, 構成すべきものは位相群 G に対し全空間 E が可縮になる主 G 束

$$p : E \longrightarrow B$$

でした。可縮, つまり一点とホモトピー同値であるような空間を作るために Milnor が着目したのは以下のことです。

定理 4.1.1. X をCW複体[1]とする。もし全ての i に対し, i 次ホモトピー群が自明

$$\pi_i(X) \cong 0$$

ならば X は可縮である。

ここで $\pi_i(X)$ は X の i 次ホモトピー群で, i 次元の球面 S^i から X への基点を保つ連続写像のホモトピー類の成す群です。よって求める主 G 束は, 全空間 E が

$$\pi_i(E) \cong 0$$

を全ての i に対してみたすものです。さすがの Milnor といえども, いきなり全ての i に対して考えるのは難しいので, 近似により構成することを考えました。

---
[1] 対象となる空間について細かい条件がつく場合もありますが, あまり気にしないで下さい。

4.1. Milnor の構成

定義 4.1.2. 連結な位相空間 X は, $i \leq n$ に対し

$$\pi_i(X) \cong 0$$

であるとき n 連結 (n-connected) であるという。

この言葉を用いると, CW複体に対しては ∞ 連結であることと可縮であることが同値になります。よって各 n に対し主 G 束

$$p_n : E_n G \longrightarrow B_n G$$

で $E_n G$ が n 連結であるものを作り $n \to \infty$ の極限[2] を取れば良さそうです。Milnor はジョイン (join) という操作で連結性が上がることに着目しました。

定義 4.1.3. 位相空間 X と Y に対し, $X \times [0,1] \times Y$ に次で同値関係 $\sim$ を定義する:

$$\begin{aligned}(x,0,y) &\sim (x',0,y) \\ (x,1,y) &\sim (x,1,y')\end{aligned}$$

そして X と Y の**ジョイン** $X * Y$ を商空間

$$X * Y = X \times [0,1] \times Y / \sim$$

で定義する。

ホモロジーの計算などで簡単に分かることですが, X が k 連結で Y が ℓ 連結ならば $X * Y$ は $(k+\ell+2)$ 連結になります。 特に,

---
[2] 位相空間や写像の極限については次章で述べます。

4. 分類空間について

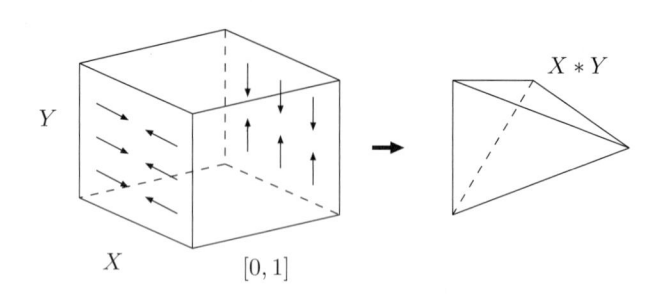

図 4.1: $X * Y$

任意の空間 X を n 個ジョインしたものは, 例え X が連結でなくても, $(n-2)$連結になります. そこで Milnorは, 位相群 G に対し

$$E_n G = \underbrace{G * G * \cdots * G}_{n}$$

と定義しました. G はジョインの各成分に作用しますから, 商空間

$$B_n G = E_n / G$$

を構成することができます.

定理 4.1.4 (Milnor [Mil56]). $E_n G$ にうまく位相を入れると, 射影

$$p_n : E_n G \longrightarrow B_n G$$

は主 G 束になる. 特に

$$p_\infty : E_\infty G \longrightarrow B_\infty G$$

は普遍 G 束である.

この Milnor の構成は, 関手

$$E_\infty \ : \ \mathsf{Groups} \longrightarrow \mathsf{Spaces}$$

$$B_\infty \ : \ \mathsf{Groups} \longrightarrow \mathsf{Spaces}$$

と自然変換

$$p_\infty : E_\infty \longrightarrow B_\infty$$

を与えるという点で画期的なものでした。また直交群を用いた Steenrod の構成とは全く異なる斬新なアイデアです。惜しむらくは, 直積との相性が良くないということでした。つまり位相群 G と H に対し

$$B_\infty(G \times H) = B_\infty(G) \times B_\infty(H)$$

が一般には成り立たないのです。分類空間の基本的な性質から両辺は常にホモトピー同値になるので, それを同相に改良しようというのは自然な欲求です。Milgram の構成は, Milnor の構成のこの欠点を修正するものでした。

4.2 Milgram の構成と単体的手法

Milnor の構成は正確には

$$E_n G = \underbrace{(\cdots(G * G) * \cdots) * G}_{n}$$

と書かないといけません。結合法則 $(X * Y) * Z \cong X * (Y * Z)$ が成り立つので括弧の付け方には依りませんが。ただ, このように

51

4. 分類空間について

n 個の空間をジョインするときは, 繰り返しジョインを取るのではなく一気にジョインを取る記述の方が便利でしょう. 実際, 位相空間 X に対し, X を n 回ジョインしてできる空間は次のように記述できます:

$$\{(t_1, \cdots, t_n; x_1, \cdots, x_n) \in [0,1]^n \times X^n \mid t_1 + \cdots + t_n = 1\}/\sim$$

ただし $\sim$ は次で与えられる同値関係です: $t_i = 0$ のとき, 任意の $x_i, x_i' \in X$ に対し

$$(t_1, \cdots, t_n; x_1, \cdots, x_i, \cdots, x_n)$$
$$\sim (t_1, \cdots, t_n; x_1, \cdots, x_i', \cdots, x_n).$$

よく見ると, この記述に現れる集合

$$\{(t_1, \cdots, t_n) \in [0,1]^n \mid t_1 + \cdots + t_n = 1\}$$

は $n-1$ 次元単体 (simplex) Δ^{n-1} です. そして同値関係に現れた $t_i = 0$ で表される部分集合は, その i 番目の面 (face) です. つまり X の n 回のジョインは $\Delta^{n-1} \times X^n$ をある同値関係で割ったもの, すなわち $n-1$ 次元単体を X^n の点の個数だけ用意し, それらを面と面で貼り合わせてできたものと考えられます.

単体を面と面で貼り合わせると言えば単体的複体です. ここで抽象単体的複体の定義を思い出しましょう.

定義 4.2.1. 頂点集合 V を持つ**抽象単体的複体** (abstract simplicial complex) K とは, V の部分集合族で次の条件をみたすも

4.2. Milgram の構成と単体的手法

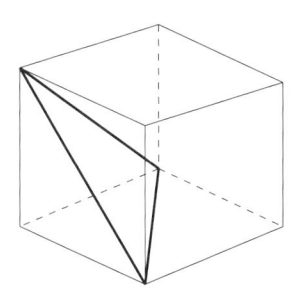

図 4.2: $[0,1]^3$ の中の Δ^2

のである:
$$\sigma \in K, \tau \subset \sigma \Longrightarrow \tau \in K.$$
K の元 σ は, その頂点の数が $n+1$ 個のとき K の n 次元単体 (simplex) と言う。

抽象単体的複体 K の頂点集合 V には全順序が決っている[3]ものとします。また K の単体は V の順序で頂点を並べて表わすものとします。K の (頂点に順序の付いた) n 次元単体の集合を K_n とおくと, K の**幾何学的実現 (geometric realization)** を以下のように構成することができます:

$$|K| = \left(\coprod_{n=0}^{\infty} \Delta^n \times K_n \right) \Big/ {\sim}$$

ここで, 同値関係 $\sim$ は以下で定義されるものです: $t_i = 0$ のとき

$$((t_0, \cdots, t_n), \sigma) \sim (t_0, \cdots, t_{i-1}, t_{i+1}, \cdots, t_n; d_i \sigma)$$

---
[3]このようなものは, 順序付き単体的複体 (ordered simplicial complex) と呼ぶのが普通です。

4. 分類空間について

ただし $d_i\sigma$ は σ の i 番目の頂点を除いてできる K の $n-1$ 次元単体です。

Milgram は，この単体的複体の幾何学的実現の類似を用いると Milnor の構成を改良できることに気がつきました。それを述べるために単体の間の写像を準備します。

定義 4.2.2. $0 \leq i \leq n$ に対し

$$\begin{aligned} d^i &: \Delta^{n-1} \longrightarrow \Delta^n \\ s^i &: \Delta^{n+1} \longrightarrow \Delta^n \end{aligned}$$

を

$$\begin{aligned} d^i(t_0, \cdots, t_{n-1}) &= (t_0, \cdots, t_{i-1}, 0, t_i, \cdots, t_{n-1}) \\ s^i(t_0, \cdots, t_{n+1}) &= (t_0, \cdots, t_{i-1}, t_i + t_{i+1}, t_{i+2}, \cdots, t_{n+1}) \end{aligned}$$

で定義する。

定義 4.2.3. G を位相群とする。非負の整数 n に対し

$$E_n G = \left(\coprod_{k=0}^{n} G \times \Delta^k \times G^k \right) \Big/ \sim$$

と定義する。ただし同値関係 $\sim$ は以下で生成されるものである:

$$(g_0; d^i(\boldsymbol{t}); g_1, \cdots, g_n)$$
$$\sim \begin{cases} (g_0 g_1; \boldsymbol{t}; g_2, \cdots, g_n), & i = 0 \\ (g_0; \boldsymbol{t}; g_1, \cdots, g_i g_{i+1}, \cdots, g_n), & 0 < i < n \\ (g_0; \boldsymbol{t}; g_1, \cdots, g_{n-1}), & i = n \end{cases}$$

4.2. Milgram の構成と単体的手法

$$(g_0; \boldsymbol{t}; g_1, \cdots, g_{i-1}, e, g_{i+1}, \cdots, g_n)$$
$$\sim (g_0; s^i(\boldsymbol{t}); g_1, \cdots, g_{i-1}, g_{i+1}, \cdots, g_n)$$

また G の $E_n G$ への左からの作用を

$$g \cdot [g_0; \boldsymbol{t}; g_1, \cdots, g_n] = [gg_0; \boldsymbol{t}; g_1, \cdots, g_n]$$

で定め

$$B_n G = E_n G / G$$

と定義する。

以上により関手

$$E_n \;\; : \;\; \mathsf{Groups} \longrightarrow \mathsf{Spaces}$$
$$B_n \;\; : \;\; \mathsf{Groups} \longrightarrow \mathsf{Spaces}$$

と自然変換

$$p_n : E_n \longrightarrow B_n$$

が得られました。$n = \infty$ のときも考えられることに注意しておきます。

定理 4.2.4 (Milgram [Mil67]). G がよい単位元の近傍を持つとき, $0 \leq n \leq \infty$ に対し, 射影

$$p_n : E_\infty G \longrightarrow B_\infty G$$

は主 G 束になる。また $E_\infty G$ は可縮であり, $p_\infty : E_\infty G \to B_\infty G$ は普遍 G 束になる。

4.3 小圏の分類空間

これで位相群に対し普遍 G 束の構成が積を保つ関手として定義できましたが, ちょっと別の見方をすると E_nG の構成と B_nG の構成がある共通の構成の特別な場合であることが分かります。それは, 小圏の分類空間です。小圏とは, 射の全体が集合になるような圏のことです。この分類空間の構成を小圏に拡張しようというアイデアが誰のものかは, よく分かりません。少なくとも Segal [Seg68] や Quillen [Qui73] は一般的な形で考えていましたが, 彼等は元々のアイデアは Grothendieck に依るものだと言っています。ここで天下り的に圏の分類空間の定義をしてしまいましょう。

定義 4.3.1. C を小圏とし, その対象の集合を C_0, 射の集合を C_1 とする。また $n \geq 1$ に対し

$$N_nC = \{(f_1, \cdots, f_n) \in C_1^n \mid f_1 \circ \cdots \circ f_n \text{ が定義できる}\}$$

とおきます。このとき写像

$$d_i : N_nC \longrightarrow N_{n-1}C$$
$$s_i : N_{n-1}C \longrightarrow N_nC$$

4.3. 小圏の分類空間

を次で定義する

$$d_i(f_1,\cdots,f_n) = \begin{cases} (f_2,\cdots,f_n), & i=0 \\ (f_1,\cdots,f_{i-1}\circ f_i,\cdots,f_n), & 0<i<n \\ (f_1,\cdots,f_{n-1}), & i=n \end{cases}$$

$$s_i(f_1,\cdots,f_n) = (f_1,\cdots,f_{i-1},1,f_i,\cdots,f_n)$$

ただし 1 は f_{i-1} の定義域 (よって f_i の値域) の対象の上の恒等射でである。

そして
$$BC = \left(\coprod_{n=0}^{\infty} \Delta^n \times N_n C\right)\Big/_\sim$$

と定義し C の**分類空間**[4] (classifying space) と言う。ここで $\sim$ は

$$(d^i(\boldsymbol{t}),\boldsymbol{f}) \sim (\boldsymbol{t},d_i(\boldsymbol{f}))$$
$$(s^i(\boldsymbol{t}),\boldsymbol{f}) \sim (\boldsymbol{t},s_i(\boldsymbol{f}))$$

で生成される同値関係である。

Milgram の構成との関係は次のようになります。まず, 知ってしまえば当たり前のことなのですが, 群は対象が 1 個の圏と思うことができます。すなわち, 群 G に対し, 対象が 1 点で射が G の元, 合成が群の積と定義することにより圏 $c(G)$ が得られます。この圏の分類空間が Milgram の $B_\infty G$ になります。

---
[4] C_1 が位相空間になっている場合は $N_n C$ も直積位相の相対位相で位相空間にしておきます。

4. 分類空間について

命題 4.3.2. $B_\infty G \cong Bc(G)$

では $E_\infty G$ はどうでしょう？これは群の作用からできる圏を考えると得られます。

定義 4.3.3. 群 G が集合 X に左から作用しているとき, 対象を X の元, x から y への射を $y = gx$ となる $g \in G$ としてできる圏を $G \ltimes X$ と定義する。

命題 4.3.4. 群 G の積で G の G への作用を定めると

$$E_\infty G \cong B(G \ltimes G)$$

である[5]。

4.4 分類空間として表わされるもの

いかがでしょう？主束を分類するための構成を G に関する関手として行なった Milnor, 単体的複体と類似の構造からできていることを発見した Milgram, そして小圏の分類空間とみなすという Segal や Quillen (そして Grothendieck) の視点。幾何学的問題からホモトピー論的な空間の構成を得るアイデアの変遷として, この流れは私が最も興味深いと思っていることの一つです。

その理由の一つは, 小圏の分類空間は主束の分類空間だけでなく, 様々な場面で使われる重要な構成だからです。重要な応用として以下のようなものがあります:

---
[5]正確には $E_\infty G$ のときの作用は右からの作用ですが, 群の作用の左右を入れ替えることは難しくありません。

4.4. 分類空間として表わされるもの

- 群のコホモロジーを位相空間のコホモロジーとしての表わすこと
- 組み合せ論におけるポセットの順序複体
- Quillen による高次の代数的 K 理論 (algebraic K-theory) の構成
- 代数的トポロジーにおけるホモトピー極限 (homotopy (co)limit) の構成

離散群 G に対しては，群の拡大と関係する不変量として，代数的にそのコホモロジーが定義できますが，実はそれは分類空間 BG の位相空間としてのコホモロジーと一致します。このようにみると，群のコホモロジーを群の分類空間とは限らない空間のコホモロジーと関連付けて調べることができます。

Quillen は，アーベル圏のような「短完全列」を持つ圏 A に対し小圏 $Q(A)$ を構成し，その分類空間のホモトピー群

$$K_i(A) = \pi_{i+1}(BQ(A))$$

として A の代数的 K 理論を定義しました。この構成は更に様々に拡張され，代数的トポロジー，代数幾何学，ホモロジー代数学など様々な分野で重要な役割を果しています。

また，ポセット P は P の元を対象とし，$x, y \in P$ に対し $x \leq y$ のとき x から y に唯一本だけ射があると定義すると小圏とみなすことができます。一般に小圏の分類空間は単体的複体にはなり

4. 分類空間について

ませんが，ポセット P を小圏とみなしたときの分類空間 BP は，自然な単体的複体の構造を持ちます。実は，これは古くからポセットの順序複体として考えられてきた単体的複体です。

Quillen が高次の代数的 K 理論を構成した論文 [Qui73] の中では，小圏の分類空間のホモトピー論的な性質が調べられていますが，そこで得られた結果をポセットの順序複体へ応用することを考えたのも，Quillen [Qui78] でした。そこで開発された手法は，現在の組み合せ論の中で重要な道具の一つになっています。

ホモトピー極限も，近年その応用範囲を広げている重要な構成の一つです。その名の通り，ホモトピーに対し良い性質を持つように改良された極限の構成です。次章では，そのホモトピー極限の応用例として Goodwillie により開発された，関手の微積分について述べることにします。

5 関手の微積分

本章のタイトルは「calculus of functors」の筆者による和訳です。微分だけで積分は出てきませんが, 英語の calculus の和訳としてタイトルでは「微積分」という表現を使いました。関<u>数</u>ではなく関<u>手</u>であるところがポイントですね。でも名前が似ているように, 関数と関手は結構似ています。

5.1 関数と関手

かつて, 関数の概念が発見される前は, 数がバラバラに考えらていました。もちろん実数なら順序が付けられますから, 完全にバラバラというわけではありませんが。ただ, 関数の概念には, 実数全体のなす集合 $\mathbb{R}$ を一つのモノとして考えることが必要になります。実数やその部分集合を定義域や値域とする関数だけだとあまりパッとしません[1]が, 多変数関数を考えるようになると, $\mathbb{R}^n$ の部分集合であるその定義域や値域を一つのモノとして扱う

---

[1] トポロジーの視点からは, です。

5. 関手の微積分

ようになり，同時にその幾何学的性質が気になるようになりました。実際，Poincaré が「Analysis Situs」で考えたのも，可微分関数の零点として定義される $\mathbb{R}^n$ の部分集合でした。

第2章で述べたように，Poincaré が考えたのは，そのような幾何学的対象，つまり多様体 M に対しアーベル群 $H_n(M)$ を対応させることでした。Eilenberg により一般の位相空間に対してもホモロジー群の定義が拡張されると，位相空間全体やアーベル群全体を考えることが普通になってきました。

実数全体の集合 $\mathbb{R}$ を一つのモノとみなして関数を考えたように，位相空間全体 Spaces やアーベル群全体 Abelian Groups を一つのモノとみなすことができるようになったのです。位相空間全体やアーベル群全体のような巨大な集まり[2]を一つのモノとして考えるというのは，画期的なことです。そしてホモロジー群は，その間の「関数」

$$H_n : \text{Spaces} \longrightarrow \text{Abelian Groups}$$

のようなものです。これを正確に表現するために Eilenberg と MacLane が考えたのが圏と関手の概念[3]です。

一般の集合の間の写像と比べたとき，実数値関数

$$f : \mathbb{R} \longrightarrow \mathbb{R}$$

---
[2]位相空間全体やアーベル群を一つの集合として扱うことには集合論的な困難さが伴う程です。
[3]本書の中で，既に圏と関手の言葉は多用しているので，ここでは定義は述べません。

5.1. 関数と関手

の特徴としては, その定義域と値域で四則演算ができること, そして極限の概念があることが挙げられます。 それを用いて考えられたのが関数の微分

$$\frac{df}{dx}(a) = \lim_{x \to a} \frac{f(x) - f(a)}{x - a}$$

です。Goodwillie は, 同様に位相空間の圏の間の関手

$$F : \mathsf{Spaces} \longrightarrow \mathsf{Spaces}$$

を考えると, 一般の関手ではできない操作ができることに気が付きました。 そうです, 定義域値域で「演算」ができること, そして「極限」の概念があることです。

位相空間 X と Y の「積」としては直積 $X \times Y$ を考えるのが自然でしょう。 「和」を共通部分の無い和集合 $X \amalg Y$ とすれば, 分配法則も成り立ちます。 では「差」は何でしょうか？ 実数の場合でもそうですが,「差」を考えるためには二つのものを比較する必要があります。 7世紀頃, 負の数の概念がインドで発見されてからも, ヨーロッパでは負の数という概念にかなり抵抗があったようですが, 負の数を用いないとなると, $x \geq y$ のときしか $x - y$ が定義されません。

では, 二つの位相空間を比較するためにはどうすればよいでしょう？ ここで Spaces が単なる位相空間の集まりではなく圏であることが必要になります。 つまり, 射がある, ということです:

> 二つの対象 X と Y の比較 = 射 $f : X \to Y$ を考える

63

5. 関手の微積分

もし X から Y に単射 f が存在するなら X より Y の方が「大きい」と言えるでしょうし, 全射 f が存在すれば Y より X の方が「大きい」と言って良いでしょう。 実数の場合は比較する関係が $\leq$ のみだったのですが, 一般の圏では射とは二つの対象を比較するための「関係」であり, それが複数あると言うことです。数学的に正確に述べるには実数を圏の特別な場合とみなす方がよいでしょう。 つまり, 実数を対象とし二つの実数 x と y の間に $x \leq y$ のときに形式的に一本の射 $x \to y$ があると定義すると圏になります。つまり, 前章で述べたポセットを小圏とみなすという手法で $\mathbb{R}$ を圏と考えるわけです。 このように, 圏をポセットの一般化と考えると, 圏における対象間の比較に射を用いることが自然に思えるはずです。

二つの位相空間 X と Y を連続写像 $f : X \to Y$ を用いて比較したときに, では「差」をどうやってとればよいでしょうか? アーベル群の間の準同型 $f : A \to B$ なら $\operatorname{Ker} f = f^{-1}(0)$ や $\operatorname{Coker} f = B/\operatorname{Im} f$ を「差」と考えるのが普通です。一般の群の場合は $B/\operatorname{Im} f$ は群になるとは限らないですから $\operatorname{Ker} f$ を「差」と考えた方が良いでしょう。

$$\boxed{f : A \to B \text{ が全射のとき「} f \text{ による差」} = \operatorname{Ker} f}$$

位相空間の場合にも, もし $f : X \to Y$ がファイバー束の射影ならば, $y_0 \in Y$ を取り $f^{-1}(y_0)$ を「差」と考えるのは自然な発想です。 もちろんファイバー束の射影ではない連続写像は沢山ありますが, ここで重要なのは, 第3章で述べたように, 任意の連続写像

がファイブレーションに変形できることです。復習すると, 連続写像 $f: X \to Y$ に対し

$$E_f = \left\{(x,\ell) \in X \times Y^{[0,1]} \mid f(x) = \ell(0)\right\}$$

であり $p_f: E_f \to Y$ は $p_f(x,\ell) = \ell(1)$ で定義されていました。ここで, 式を簡潔にするために

$$Y^{[0,1]} = \mathrm{Map}([0,1], Y)$$

という表記を用いました。

定義 5.1.1. $y_0 \in Y$ に対し y_0 上の p_f のファイバー $p_f^{-1}(y_0)$ を, y_0 上の f の**ホモトピー・ファイバー (homotopy fiber)** と言い F_{f,y_0} で表わす。Y が弧状連結ならば F_{f,y_0} は y_0 の取り方に依らず全てホモトピー同値になるので単に F_f と表わす。

Goodwille は一連の仕事 [Goo90; Goo92; Goo03] の中で F_{f,y_0} を「f で測った X と Y の差」と考えることにより, 関手に対し微分を取る手法を開発しました。

$$\boxed{\text{「連続写像 } f: X \to Y \text{ で測った差」} = F_f}$$

そのために必要になるのが,「極限」です。

5.2 ホモトピー極限

一般の圏での極限は既に確立した概念であり, その定義はどの圏論の本を見ても書いてあります。一般の図式の極限の定義は

5. 関手の微積分

MacLane の本 [Mac98] などを参照してもらうことにして，ここでは次のような簡単な図式の極限の定義を復習しておきます:

定義 5.2.1. 位相空間と連続写像の図式

$$X \xleftarrow{f} A \xrightarrow{g} Y$$

に対し，

$$\mathrm{colim}(X \xleftarrow{f} A \xrightarrow{g} Y) = (X \amalg A \amalg Y)\Big/{f(a) \sim a \sim g(a)}$$

と定義し，この図式の**余極限 (colimit)** あるいは**プッシュアウト (pushout)** という。

また，図式

$$X \xrightarrow{f} B \xleftarrow{g} Y$$

に対し

$$\lim(X \xrightarrow{f} B \xleftarrow{g} Y) = \{(x,y) \in X \times Y \mid f(x) = g(y)\}$$

と定義し，この図式の**極限 (limit)** あるいは**プルバック (pullback)** という。

数列の極限は一列に並んだものの極限ですが，位相空間などの場合は一列になっていない図式でも極限を考えることができます。また余極限と極限の二種類の極限があります。

既に本書の中でも，プルバックは第3章でファイバー束を扱ったときに登場しましたし，二つの空間を貼り合せるときにはプッ

5.2. ホモトピー極限

シュアウトを使っていることになります。このように，極限や余極限は，トポロジーで空間に対し何かの操作をするときに必要になる基本的な構成です。ところが，このような通常の圏論的な極限は，トポロジーの基本的な操作である連続的変形とあまり相性が良くありません。連続的変形を行なってから極限を取ったものが，極限を取ってから連続的変形をして得られないことがあるのです。有名な例は次のものです。

例 5.2.2. 円周 S^1 を円板 D^2 の境界に入れる包含写像 $i: S^1 \hookrightarrow D^2$ を考えます。図式

$$D^2 \xleftarrow{i} S^1 \xrightarrow{i} D^2$$

の余極限，つまりプッシュアウトは，2次元球面 S^2 になります。このことは D^2 は球面 S^2 の上半分

$$S^2_+ = \{(x, y, z) \in S^2 \mid z \geq 0\}$$

や下半分

$$S^2_- = \{(x, y, z) \in S^2 \mid z \leq 0\}$$

と同相であることを用いて，上の図式を

$$S^2_- \xleftarrow{i_-} S^1 \xrightarrow{i_+} S^2_+$$

と描き直してみるとわかります。S^2_+ と S^2_- を S^1 に沿って貼り合せると S^2 ができるからです。

5. 関手の微積分

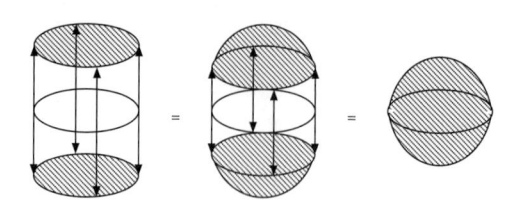

図 5.1: 2枚の円板を貼り合わせる

ここで，この議論には同相写像を用いたことに注意します。同相写像の代わりにホモトピー同値写像を用いるとどうなるでしょうか。D^2 は可縮ですから図式は

$$*_- \longleftarrow S^1 \longrightarrow *_+$$

となり，そのプッシュアウトは 1 点だけからなる空間 $*$ を 2つ用意し，それを同一視したもの，つまり 1点になってしまいます。

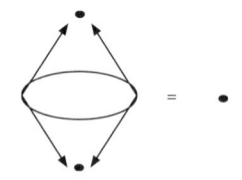

図 5.2: 2点を貼り合わせる

ところが S^2 は可縮ではありませんから，プシュアウトを取る前にホモトピー同値で変形したものは，先にプッシュアウトを取ったものにホモトピー同値になりません。

$$\mathrm{colim}(D^2 \longleftarrow S^1 \longrightarrow D^2) \not\simeq \mathrm{colim}(* \longleftarrow S^1 \longrightarrow *)$$

68

5.2. ホモトピー極限

□

この問題を解決するために考えられたのがホモトピー極限です。

定義 5.2.3. 位相空間と連続写像の図式

$$X \xleftarrow{f} A \xrightarrow{g} Y$$

に対し,

$$\mathrm{hocolim}(X \xleftarrow{f} A \xrightarrow{g} Y)$$
$$= (X \amalg A \times [0,1] \amalg Y) \Big/ f(a) \sim (a,0), (a,1) \sim g(a)$$

と定義し,この図式の**ホモトピー余極限 (homotopy colimit)** あるいは**ホモトピー・プッシュアウト (homotopy pushout)** という。

例 5.2.4. 定義から

$$\mathrm{hocolim}(*_+ \leftarrow S^1 \rightarrow *_-) = S^1 \times [0,1]/\sim$$

です。ここで $\sim$ は,$x \in S^1$ に対し

$$(x,0) \quad \sim \quad *_-$$
$$(x,1) \quad \sim \quad *_+$$

で定義される同値関係なので,求めるホモトピー余極限

$$\mathrm{hocolim}(*_+ \leftarrow S^1 \rightarrow *_-)$$

は円筒の上と下を潰したもの,つまり S^2 となります。 □

5. 関手の微積分

もちろん，双対的にホモトピー極限もあります。

定義 5.2.5. 位相空間と連続写像の図式

$$X \xrightarrow{f} B \xleftarrow{g} Y$$

に対し

$$\begin{aligned}&\operatorname{holim}(X \xrightarrow{f} B \xleftarrow{g} Y) \\ &= \left\{ (x, \ell, y) \in X \times B^{[0,1]} \times Y \;\middle|\; f(x) = \ell(0), \ell(1) = g(y) \right\}\end{aligned}$$

と定義し，この図式の**ホモトピー極限 (homotopy limit)** あるいは**ホモトピー・プルバック (homotopy pullback)** という。

定義を比較すればすぐ分かるように，ホモトピー・ファイバーはホモトピー極限の一種です。

補題 5.2.6. 連続写像 $f : X \to Y$ と $y_0 \in Y$ に対し

$$F_{f,y_0} = \operatorname{holim} \left(\begin{array}{c} X \\ \downarrow f \\ \{y_0\} \longrightarrow Y \end{array} \right)$$

このように，特別な場合のホモトピー余極限やホモトピー極限は古くから用いられていましたが，一般的な理論として完成したのは Bousfield と Kan の著書 [BK72] の中でです。残念ながら，ここではこれ以上ホモトピー極限の理論に深入りする余裕はありませんが，興味を持った読者は是非 Dwyer の解説 [DH01] をご

5.2. ホモトピー極限

覧になることをお勧めします。以下任意の図式に対し,ホモトピー極限とホモトピー余極限の存在が証明されているものとします。前回のテーマ,分類空間との関連を示すために,一つだけ例を挙げておきましょう。

例 5.2.7. G を離散群とし,位相空間 X に左から作用しているとします。このとき $g \in G$ を写像 $g: X \to X$ とみなすと位相空間の圏の中の図式ができます。この図式のホモトピー余極限を

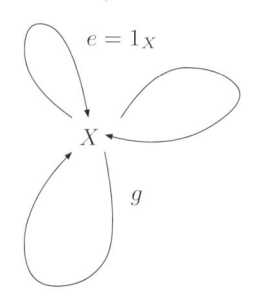

図 5.3: GのXへの作用

X_{hG} と書き X のG の作用による**ホモトピー商空間 (homotopy quotient)** あるいは **Borel 構成 (Borel construction)** と言います。実は,この空間は Milgram の普遍 G 束の全空間 EG を用いて

$$X_{hG} = EG \times_G X$$

と表わせます。特に X が 1点のときは,分類空間

$$*_{hG} = BG$$

となります。　　　　　　　　　　　　　　　　　　　　□

5.3　ホモトピー関手のテイラー・タワー

さて関手の微積分の話に戻りましょう。Goodwillie はホモトピー極限を駆使することにより, 位相空間の圏の間の関手について, 様々な重要な結果を得ることに成功しました。かなり大がかりな理論なので, 本書では詳しく解説するわけにはいきませんが, 本章の残りのページで, その中の一つに限り簡潔に述べたいと思います。

無限回連続微分可能な関数 $f: \mathbb{R} \to \mathbb{R}$ については, ある条件の下で, 多項式近似ができることが知られています。大雑把に言えば,

$$(p_n f)(x) = \sum_{k=0}^{n} \frac{1}{k!} \frac{d^k f}{dx^k}(0) x^k$$

とおくとき, 「良い」関数ならば, 原点の近傍で

$$\lim_{n \to \infty} (p_n f)(x) = f(x)$$

となるということです。Goodwillie はホモトピー同値[4]を保つ関手に対し, 同様の「多項式近似」ができることを証明しました。

定理 5.3.1. 基点付き空間の圏 Spaces$_*$ の間のホモトピー同値を保つ関手

$$F: \mathsf{Spaces}_* \longrightarrow \mathsf{Spaces}_*$$

---
[4]正確に言えば弱ホモトピー同値ですが, 細かいことは気にしないことにしましょう。

5.3. ホモトピー関手のテイラー・タワー

に対し関手

$$P_nF : \mathsf{Spaces}_* \longrightarrow \mathsf{Spaces}_*$$

と自然変換

$$\begin{aligned} q_n &: P_nF \longrightarrow P_{n-1}F \\ p_n &: F \longrightarrow P_nF \end{aligned}$$

で次をみたすものが存在する:

1. 任意の X に対し q_n のホモトピー・ファイバーを $D_nF(X) = F_{q_n}$ とおくと, n 次対称群 Σ_n が作用するスペクトラム[5] $C_{F,n}$ により

$$D_nF(X) \simeq \Omega^\infty \left((C_{F,n} \wedge X^{\wedge n})_{h\Sigma_n} \right)$$

と表わせる。ただし $\wedge$ は

$$X \wedge Y = X \times Y / X \times \{y_0\} \cup \{x_0\} \times Y$$

で定義される基点付き空間の「積」であり, Ω^∞ は, スペクトラムに対しそれに対応する無限ループ空間を与える関手である。

2. X と F がある条件を満たすと

$$F(X) \simeq \operatorname*{holim}_n P_nF(X)$$

である。

---

[5]第2章で登場した, (コ)ホモロジーを表現する空間の列のことです。

5. 関手の微積分

関数の場合, テイラー展開の第n項は

$$(p_n f)(x) - (p_{n-1} f)(x) = \frac{1}{n!} \frac{d^n f}{dx^n}(0) x^n$$

で得られます。関手の場合,「差」はホモトピー・ファイバーですから $D_n F(X)$ は $P_n F(X)$ と $P_{n-1} F(X)$ の差に対応するものです。この定理は, Ω^∞ を無視すれば, その第 n 項が $(C_{F,n} \wedge X^{\wedge n})_{h\Sigma_n}$ で与えられると言っています。$(-)_{h\Sigma_n}$ は位数 $n!$ の群 Σ_n の作用で割ることですから, 関数の場合の $\frac{1}{n!}$ に対応しています。$X^{\wedge n}$ はもちろん x^n です。よって $C_{F,n}$ が微分係数 $\frac{d^n f}{dx^n}(0)$ に対応するものです。

これは驚くべき類似ではないでしょうか。この Goodwillie の結果は, 論文 [Goo03] が正式に出版されるかなり前から大きな注目を集めましたが, その理由は, 関数の微分との類似を発見したからだけではありません。代数的トポロジーや幾何学的トポロジーにおける, 様々な具体的な問題にアタックする方法を与えてくれたからなのです。残念ながら, 応用について述べる余裕はありませんが, 興味を持った方は, 例えば, 私のウェブサイトにあるまとめ

```
http://pantodon.shinshu-u.ac.jp/topology/ literature/
        calculus_of_functor_examples.html
```

をご覧下さい。

次章では, Goodwillie の関手の微積分でも重要な役割を果している, モデル圏について述べます。

6 何でもモデル圏

これまでは,トポロジー,特に代数的トポロジーやホモトピー論と呼ばれる分野の,基本的な考え方や手法を説明してきました。本章では,それを踏まえてより抽象度の高いモデル圏 (model category) という概念についてお話したいと思います。

第3章でファイバー束とホモトピーの関係を述べたとき,最後に,Quillen が [Qui67] でファイブレーションとその双対版であるコファイブレーションの性質の中で本質的なものを抜き出し,モデル圏という概念を定義したことを述べました。 前章の関手の微積分の話で,大きな枠組みで考えることの利点を理解してもらえた (?) と思うので,そろそろモデル圏についてお話してもよいか,と思ったわけです。

その著書のタイトルからも分かるように,Quillen がモデル圏を導入した目的は,ホモトピー論とホモロジー代数を統一する枠組みを構築することでした。 第4章の分類空間の話では Grothendieck, Segal, Quillen といった錚々たる顔ぶれが登場し

6. 何でもモデル圏

ましたが，これらは皆本質を見抜くことにずば抜けた才能を持った数学者達です。Quillen のモデル圏の公理も的確に本質を射貫いたものでした。そのことは，最近，トポロジーとは無縁と思われていた分野の研究対象から成る圏で，モデル圏の構造を持つものが次々にが発見されていることからも分かります。そのような例については，後半でいくつか見ることにして，まずはモデル圏がどういうものか，その定義も含め見ていくことにしましょう。

6.1 モデル圏とは?

モデル圏は，位相空間の圏でのファイブレーション，コファイブレーション，ホモトピー同値という三種類の写像の持つ性質を抽象化したものです。ファイブレーションは，第3章で，ファイバー束の持つ最も重要な性質である被覆ホモトピー性質を取り出して定義しました。コファイブレーションは，本書の中ではまだ定義していなかったと思うので，ここで定義しておきましょう。

定義 6.1.1. 位相空間 X とその部分空間 A の包含写像 $i: A \hookrightarrow X$ を考える。任意の空間 Y と可換図式

$$\begin{array}{ccc} A \times \{0\} & \longrightarrow & A \times [0,1] \\ \downarrow & & \downarrow \\ X \times \{0\} & \longrightarrow & Y \end{array}$$

に対し，次の図式を可換にする $\widetilde{H}: X \times [0,1] \to Y$ が存在すると

6.1. モデル圏とは?

き i をコファイブレーション (cofibration) という:

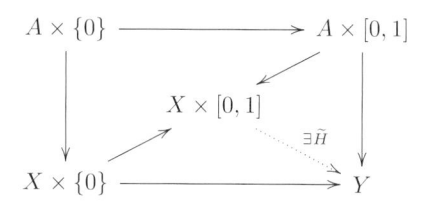

$$\begin{array}{ccc} A \times \{0\} & \longrightarrow & A \times [0,1] \\ \downarrow & \searrow & \downarrow \\ & X \times [0,1] & \\ & \nearrow & \exists \tilde{H} \\ X \times \{0\} & \longrightarrow & Y \end{array}$$

一般に, ある数学用語の双対概念を表わすときには,「コ (co-)」という接頭辞[1]を付けます。 つまりコファイブレーションはファイブレーションの双対版なのですが, この定義ではそう言われてもピンとこないかもしれません。 そこで次の同一視を用いてコファイブレーションの定義を書き変えてみましょう。

補題 6.1.2. 連続写像 $F : X \times K \to Y$ に対し, 写像

$$\mathrm{ad}(F) : X \longrightarrow Y^K = \{f : K \to Y \mid 連続\}$$

を

$$\mathrm{ad}(F)(x)(t) = F(x, t)$$

で定義する。もし K がコンパクトならばこの対応は $X \times K$ から Y への連続写像と X から Y^K への連続写像の間の全単射を与える。

よってホモトピー $H : X \times [0,1] \to Y$ は $\mathrm{ad}(H) : X \to Y^{[0,1]}$ と同一視できます。 これにより上のコファイブレーションの図式

---

[1] コホモロジーの「コ」も同じです。

6. 何でもモデル圏

を描き換えると次ようになります:

$$\begin{array}{ccc} A & \xrightarrow{H} & Y^{[0,1]} \\ {\scriptstyle i}\downarrow & {\scriptstyle \exists \widetilde{H}} \nearrow & \downarrow \\ X & \longrightarrow & Y \end{array}$$

一方, 写像 $p : E \to B$ がファイブレーションであるとは, 任意の空間 X と外側が可換な図式

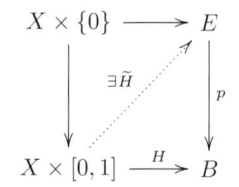

$$\begin{array}{ccc} X \times \{0\} & \longrightarrow & E \\ \downarrow & {\scriptstyle \exists \widetilde{H}} \nearrow & \downarrow {\scriptstyle p} \\ X \times [0,1] & \xrightarrow{H} & B \end{array}$$

に対し二つの三角形を可換にする $\widetilde{H}$ が存在することでした.

これらをまとめて述べるために次の用語を用います.

定義 6.1.3. 可換図式

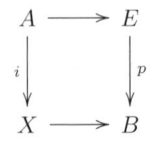

$$\begin{array}{ccc} A & \longrightarrow & E \\ {\scriptstyle i}\downarrow & & \downarrow {\scriptstyle p} \\ X & \longrightarrow & B \end{array}$$

に対し, 二つの三角形を可換にする写像 $f : X \to E$ が存在するとき, p は i に対し**右リフト性** (right lifting property) を持つといい, i は p に対し**左リフト性** (left lifting property) を持つという.

よって i がコファイブレーションであるとは,

$$Y^{[0,1]} \to Y \tag{6.1}$$

という特別な写像に対し左リフト性を持つということであり, p がファイブレーションであるとは

$$X \times \{0\} \to X \times [0,1] \tag{6.2}$$

という特別な写像に対し右リフト性を持つということです。 Quillen はこれら二つの写像の次の性質に着目しました。

補題 6.1.4. (6.1) はファイブレーションであり, (6.2) はコファイブレーションである。 またこれらは共にホモトピー同値写像である。

以上のことから, リフティングに関する性質をモデル圏の公理の一つにすることには, 異論を挟む余地はないでしょう。 もう一つの重要な性質は写像の分解 (factorization) です。 実は, この性質を公理化するにあたってはいくつか流儀があり, 文献によって様々です。ここでは簡潔に述べるために, リフティングに関する条件と組み合せた分解系 (factorization system) という概念を用いて述べることにします。 最近の文献には, この用語を用いたものが増えてきました。

定義 6.1.5. 圏 X の上の弱分解系 (weak factorization system) とは部分圏の組 (A, B) で, 以下の条件を満たすもののことである:

6. 何でもモデル圏

1. X の任意の射 f は A の射 i と B の射 p により $f = p \circ i$ と分解できる。

2. X の射 f が A に属するための必要十分条件は, f が B の射に対し右リフト性を持つことである。

3. X の射 f が B に属するための必要十分条件は, f が A の射に対し左リフト性を持つことである。

これでモデル圏の定義を述べる準備ができました。

定義 6.1.6. 圏 X のモデル構造 (model structure)とは, 部分圏からなる三対 (C, W, F) で次の条件をみたすもののことである:

1. $f, g, g \circ f$ の内, 二つが W に属するなら残り一つも W に属する。

2. $(C \cap W, F)$ は弱分解系である。

3. $(C, W \cap F)$ も弱分解系である。

圏 X にモデル構造が指定されているとき, それをモデル圏[2]という。

一般に, W の射を**弱同値** (weak equivalence) と言います。また C と F の射を, それぞれ**コファイブレーション** (cofibration)と**ファイブレーション** (fibration) と呼ぶことが多いのですが, 位相空間の圏で具体的に定義されたコファイブレーションやファイ

---

[2] 普通は, 任意の極限と余極限について閉じていることを要求しますが, 簡単のためにここでは定義には入れないことにします。

ブレーションと混同するといけないので、本書では、単に C の射とか F の射と言った呼び方をすることにします。

この定義では全くイメージが掴めないと思うので、いくつか例を見ることにしましょう。

6.2 モデル圏の例

ある圏がモデル構造を持つことを示すためには何をすればよいでしょうか。まずは、三つの部分圏 C, W, F を見つけないといけません。ここで注意することは、弱分解系の定義より、C と W が決まると自動的に F が決まることです。同様に F と W が決まれば C も決まります。そこである圏の上のモデル構造を見付けるためには、部分圏の組 (W, C)、あるいは (W, F) を見付けることから始めることになります。

例 6.2.1. まず基本的なのは位相空間の圏 Spaces です。

- $W = \{\text{ホモトピー同値写像}\}$
- $F = \{\text{ファイブレーション}\}$
- $C = \{\text{コファイブレーション}\}$

と定義すると、位相空間の圏はモデル圏になります。これは Strøm の結果 [Str72] です。 □

このように、位相空間の圏を Strøm のモデル構造でモデル圏として捉えておくと、モデル構造に現れる三種類の写像がイメージ

6. 何でもモデル圏

し易いかもしれません。位相空間の圏には, 少し異なるモデル構造も入ります。実は, 最初に Quillen が見付けたのはこちらのモデル構造です。

例 6.2.2. Quillen は, 次の W と F で位相空間の圏がモデル圏になることを示しました:

- $W = \{弱ホモトピー同値写像\}$

- $F = \{\text{Serre ファイブレーション}\}$

ここで弱ホモトピー同値写像とは, 全ての次元のホモトピー群で同型写像を誘導する写像のことです。また Serre ファイブレーションとは, 第3章でも述べましたが, 任意のCW複体に対し被覆ホモトピー性質を持つ連続写像のことです。コファイブレーションもどういう写像か分かるのですが, ここでは省略します。 □

代数的トポロジーを学び始めたばかりの人から見ると, Strøm のモデル構造の方が分かり易く自然に見えるでしょう。ところが, 現代のホモトピー論で良く用いられるのは Quillen のモデル構造の方[3]です。Quillen が, この二種類の写像を選んだ根拠の一つは単体的集合との対応です。

---

[3] 古くからホモトピー論で用いられてきたものは, この二つをミックスしたモデル構造だ, と主張する人もいます。May と Sigurdsson [MS06] のように, 両方使うべきという人もいます。

6.2. モデル圏の例

定義 6.2.3. 単体的集合 (simplicial set) とは, 集合の列 $X_0, X_1, \cdots$ とその間の写像

$$d_i \ : \ X_n \longrightarrow X_{n-1} \ (0 \leq i \leq n)$$
$$s_i \ : \ X_n \longrightarrow X_{n+1} \ (0 \leq i \leq n)$$

の族で以下の条件を満たすもののことである:

$$d_i \circ d_j \ = \ d_{j-1} \circ d_i \text{ if } i < j$$
$$d_i \circ s_j \ = \ \begin{cases} s_{j-1} \circ d_i & \text{if } i < j \\ 1 & \text{if } i = j, j+1 \\ s_j \circ d_{i-1} & \text{if } i > j+1 \end{cases}$$
$$s_i \circ s_j \ = \ s_{j+1} \circ s_i \text{ if } i \leq j$$

第2章に登場した, 位相空間 X の特異 n 単体の集合 $S_n(X)$ を集めたものが単体的集合の基本的な例です。第4章の分類空間の構成の際に, 小圏 C に対し集合の列 $\{N_n C\}$ を定義しましたが, これも単体的集合の重要な例です。$\{N_n C\}$ から分類空間 BC を構成する方法はそのまま単体的集合に一般化でき, 単体的集合 X に対しその**幾何学的実現** (geometric realization) $|X|$ として位相空間が定義されます。

例 6.2.4. Quillen は, 単体的集合の圏 Simplicial Sets が次の $\boldsymbol{W}$ と $\boldsymbol{C}$ でモデル圏になることを示しました:

- $\boldsymbol{W} = \{$幾何学的実現を取って弱ホモトピー同値写像になる射$\}$

6. 何でもモデル圏

- $C = \{$各次元で単射である射$\}$

このときの F は, Kan ファイブレーション (Kan fibration) という種類の写像から成る部分圏であり, Quillen は論文 [Qui68] でその幾何学的実現が Serre ファイブレーションになることを示しています。つまり, Quillen が定義した Spaces のモデル構造は, 幾何学的実現を取る関手

$$|-| : \text{Simplicial Sets} \longrightarrow \text{Spaces}$$

の下で, 単体的集合のモデル構造にうまく対応したものなのです。 □

このように, 位相空間の圏を例にとると C や F がどういう種類の射かイメージし易いでしょう。ところが, Quillen は, モデル構造が位相空間や単体的集合のようなトポロジーの研究対象以外のものの成す圏にも存在することに気がつきました。まずはホモロジー代数にも使えることを見るために鎖複体の圏を考えましょう。

環 R 上の鎖複体の圏を $\text{Ch}(R)$ で表わします。W としては二つの候補が考えられます。ホモロジーの同型を誘導する写像 (quasi-isomorphism) とチェインホモトピー同値写像 (chain homotopy equivalence) です。ここではホモロジーの同型を誘導する写像[4]を考えましょう。

---
[4]W をチェインホモトピー同値としてもモデル圏になります。

84

例 6.2.5. 鎖複体の圏では W をホモロジーの同型を誘導する写像と決めても，いくつかのモデル構造が考えられます。例えば

- $W = \{$ホモロジーの同型を誘導する写像$\}$
- $F = \{$各次元で全射である写像$\}$

と定義することによりモデル圏になりますが，

- $W = \{$ホモロジーの同型を誘導する写像$\}$
- $C = \{$各次元で単射である写像$\}$

でもモデル圏になります。最初のモデル構造は，C が射影的加群に関連した写像になるので**射影的モデル構造 (projective model structure)** と言います。後者では F が単射的加群に関連したものになるので**単射的モデル構造 (injective model structure)** と言います。　□

ホモロジー代数との関係は次のようになります。まず，一般にモデル圏 X に対しそのホモトピー圏 $\mathrm{ho}(X)$ が定義されます。これは，X の 弱同値を同型写像にした圏です。また，R 加群 M に対し n 次元が M で他の次元が 0 の鎖複体を $S^n(M)$ と表します。

定理 6.2.6. R 加群 M と N に対し

$$\mathrm{Ext}_R^n(M,N) = [S^n(M), S^0(N)]$$

6. 何でもモデル圏

となる。ここで $[-,-]$ は $\mathsf{Ch}(R)$ の射影的モデル構造でのホモトピー圏の射の集合である。

標語的に言えば,

$$\boxed{R\text{加群のホモロジー代数} = \mathsf{Ch}(R) \text{でのホモトピー代数}}$$

となります。

鎖複体の圏のように, そのものがモデル圏にならなくても, 考えている圏をモデル圏に埋め込むこともできます。多様体のような幾何学的対象の成す圏は, 各種操作で閉じていないことが多いので, モデル圏のようなきれいな構造を持たないことがほとんどです。そこで, その圏を含むようなモデル圏を探し, そこで議論することが考えられています。

例 6.2.7. Lárusson は [Lár03] で複素多様体の圏を考えています。Euclid 空間の部分複素多様体になっているものに対しては, 複素解析的性質がトポロジー的性質のみで決まることが多いという「Oka principle」に着目し, 「複素多様体のトポロジー」が行なえる圏を構築するために, モデル圏を用いています。ただし複素多様体の圏はモデル構造を定義するには小さすぎるのですが, [Lár04]で, それをより大きな単体的集合に値を持つある種の関手の成すモデル圏[5]に埋め込むことに成功しています。 □

他にもこのような例は, 環の圏でのホモトピー論を目指した Garkusha の仕事 [Gar07] など, いろいろあります。Quillen 自身

---
[5]残念ながら, ここでは正確な定義を述べられません。

も [Qui70] で可換環のホモロジー代数を構築するために, この手法を用いています。

6.3 モデル圏の効用

このように, 様々な幾何学的あるいは代数的対象の圏がモデル構造を持つこと, あるいはモデル圏に埋め込めることが分かってきましたが, それが一体何の役に立つのでしょうか。 一つは, モデル圏として考えると見通しがよくなる, ということが挙げられます。 より具体的には次のような効用があります。

- アーベル圏ではないところでホモロジー代数の真似事ができる。 つまり導来関手が定義できる。

- アーベル圏のホモロジー代数も, 鎖複体のモデル圏で考えた方が導来圏で考えるより精密な議論ができる。

- ホモトピー極限などのホモトピー論的な構成ができるようになる。

もちろん, 他にもまだまだ色々いいことはありますが, 本書ではこの辺にしておきます。 ちょっと本章は抽象的過ぎたかもしれないので。 また, モデル圏のような壮大な理論をかなり省略して述べたので, モデル圏のイメージが掴めない人も多いでしょう。そこで, 次章ではモデル圏の現れるより単純な例として, 計算機

6. 何でもモデル圏

科学に現われるモデル構造をテーマに，ホモトピー論と計算機科学との関係について考えてみることにします。

7 並列処理とホモトピー

　計算機科学とトポロジーの関係には様々な形があります。ホモトピー群やホモロジー群,そして各種結び目不変量,などの不変量の計算に計算機を用いるためのアルゴリズムを考える,というのは自然な発想です。画像データから単体的複体を構成し,そのホモロジー群を計算機で計算させることにより,二つの画像が「似ている」か否かを判断する画像認識の研究もあります。逆にトポロジーの結果やアイデアを計算機科学の理論的な研究に応用する,ということも考えられています。本章では,第6章で述べたモデル圏の概念が有効に使われている例として,並列処理(concurrency)の理論との関係を述べます。

　並列処理とホモトピーの関係は Jeremy Gunawardena により発見されました。その論文[Gun94]は,彼のウェブサイト

```
http://www.jeremy-gunawardena.com/
```

からダウンロードできます。

7. 並列処理とホモトピー

この Gunawardena という名前は，ちょっと古い代数的トポロジーの専門家なら誰でも聞いたことがあるはずです。1980年代の代数的トポロジーの主要な問題だった Segal 予想の解決に重要な貢献をした人[1]の名前だからです。この並列処理とホモトピーの関係を述べた論文を見付けたとき，多分同一人物だろうと思ったのですが，本章を書くために調べてみて，その予想が正しかったことが確認できました。

上記のウェブサイトに，どういう経緯でトポロジーから計算機科学に興味が移ったのか詳しく書いてあります。更に現在は生物学[2]に関連した研究をされているようですが，そのトポロジストとしての素養がどのように生物学の研究に反映されているのか，興味深いところです。

7.1 並列処理

さて，並列処理とホモトピーはどのように関係しているのでしょう。ホモトピーとの関連を述べる前に，まず Gunawardena の論文 [Gun94] に従って並列処理のプロセスの相互関係[3]をどのように表すかについて考えてみます。

考えるのは，一つのデータベースに同時に複数の人がアクセス

---

[1]Segal 予想を最終的に解決したのはGunnar Carlssonですが，その Carlsson も最近トポロジーの応用に深く関っています。
[2]細胞間の信号の伝達についての systems biology という分野のようです。
[3]本章では，計算機関係の用語がいくつも現われますが，的確な和訳ができる自信がないのでできるだけ英語のままで用います。Concurrencyだけは，頻出するので並列処理と和訳して使います。

し, データを書き変えることができるようなシステムです。例えば, ブログや Wiki のシステムは, 大抵が backend としてデータベースを持ち集中してデータを管理していますが, そのデータの書き換えはブラウザ経由で複数の人により同時に行なうことができるようになっています。Wikipedia の記事のように, 一つのページを複数の人が編集する可能性がある場合には, 何らかの排他制御が必要です。少なくとも, ある人が編集する前には他の人が編集できないようにロックすべきでしょう。そして編集が終ったらロックを解除し他の人が編集できるようにするのです。

ところが, 二人の人が同時に一つのページをロックしようとしたらどうでしょう? どちらに優先権を与えるか決めないといけません。このときに, 下手に順番を決めると deadlock という二進も三進も行かない状況に陥ります。この「どちらに優先権を与えるか」という scheduling の問題ももちろん重要ですが, その前に deadlock が起らない scheduling が可能かどうか, という問題があります。例で考えてみましょう。

まず, あるページ a をロックするプロセスを Pa, そのロックを開放するプロセスを Va と表わす[4]ことにします。そしていくつかのプロセスの列を **transaction** と言います。現実には, Pa と Va の間に様々なデータの操作が行なわれているわけですが, ここでは複数のプロセスの間の関係を考えているので, ロックとその開放のみ考えます。Gunawardena の論文に従って, 次の二つ

---

[4]この P と V という記号は, Dijkstra 以来, この業界で使われてきた記号のようです。

7. 並列処理とホモトピー

の transaction を考えましょう:

$$T_A = PbPaVbPcVaVc,$$
$$T_B = PaPbVaVb.$$

T_A は, A という人がページ b, ページ a をロックし, ページ b を開放してからページ c をロックし, ページ a, ページ c を開放する, という transaction です。T_B は, B という人がページ a と b を編集するときの transaction です。

この二つの transaction の scheduling を考えるためには, 座標平面に表わすと便利です。A の transaction を T_A 軸に, B の transaction を T_B 軸にし, それぞれの座標軸にプロセスを適当な間隔に順に並べていきます。実際には経過時間が間隔に対応しますが, scheduling を考えるだけなら順番が本質的で間隔はどうでもよいので, とりあえず等間隔としておきましょう。

更に全体が正方形に入っているとします。つまり上の絵で $(E_A, E_B) = (1, 1)$ とします。T_A と T_B という二つの transaction の scheduling を考えるということは, この図で原点 O から点 (E_A, E_B) に向かう道を見付けるということです。ただし, プロセスは一度に一つづつしか実行できないので, 右に 1 動くか上に 1 動くかしかできません。つまり, 格子状に辿る道しか使えません。また, 時間を逆のぼることはできない[5]ので, 逆に戻ることはできません。つまり O から (E_A, E_B) に向い階段状に格子点を

---

[5]実際のデータベースでは rollback と呼ばれる「逆戻り」の機能は重要です。

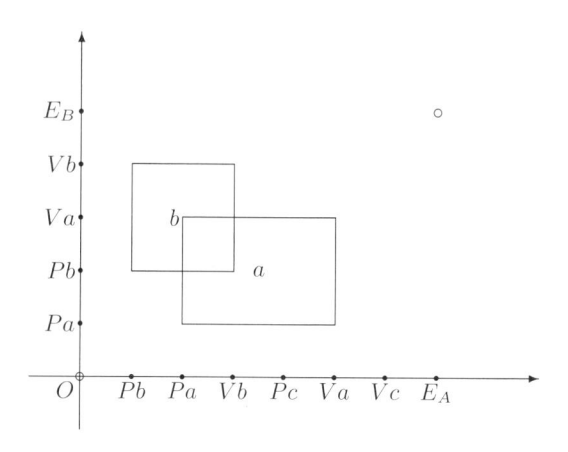

図 7.1: プロセスのschedulingを考える

辿る道しか使えないのです。 さらに図の二つの長方形で表わされた禁止区域には，その境界も含めて，入れません。この二つの長方形は，それぞれページ a, b を同時に二人がロックしている状態を表わしています。このような図を progress graph といいます。つまり プロセスの scheduling とは progress graph の上の階段状の道のことです。

例えば

$$O \to (Pb, 0) \to (Pb, Pa)$$

という道を考えると，ここから先には進めなくなってしまいます。上に行くと b の，右に行くと a の禁止区域に入ってしまうからです。このような状態が deadlock です。これは A がページ b を開放する前に B がページ a をロックしようとしたことが原因

7. 並列処理とホモトピー

です。

このように, transaction が2つなら簡単に平面に表わせるので deadlock を見付けるのはそれほど難しくはありません。ところが, transaction が3つ以上になったらどうでしょう。例えば

$$
\begin{aligned}
T_A &= PxPyPzVxPwVzVyVw \\
T_B &= PuPvPxVuPzVvVxVz \\
T_C &= PyPwVyPuVwPvVuVv
\end{aligned}
$$

を描いてみて下さい。

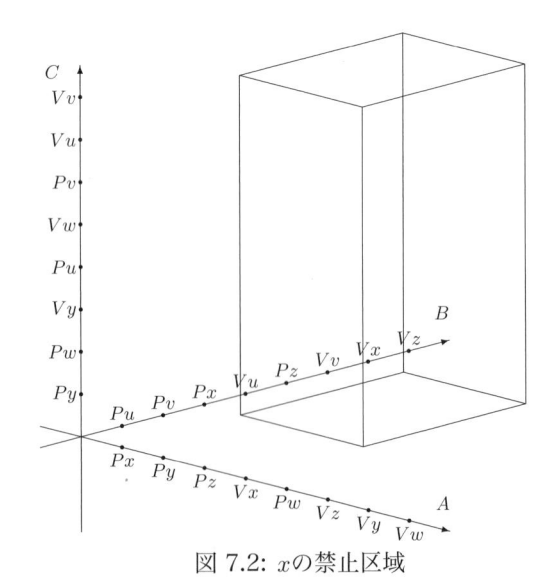

図 7.2: xの禁止区域

2つの場合と同様，全体が辺の長さ1の立方体に含まれているとし，各プロセスを等間隔に配置します。A と B の間に deadlock が起ったら C が何をしていようが deadlock です。ということは，ページ x に関する禁止区域は上の図7.2のような直方体になります。

他の y, z, u, v, w に関する禁止区域も直方体になり，全体としては6つの直方体の和集合が禁止区域になります。6つの直方体を全て描き，その絵から deadlock を読み取るのは至難の技[6]です。更に transaction が増えたら絵に描くことすらできません。実際には，禁止区域を避けながら deadlock に陥いらないような道を progress graph の上に見付けないといけないのです。

7.2　Progress Graphでのホモトピー

しかしながら，そのような scheduling で表わされる progress graph の上の道の大まかな性質が必要なだけなら，別の方法がありそうです。実際, Gunawardena は道のホモトピーが使えることに気がつきました。例えば，最初に考えた図7.1 の progress graph で，O から (Pb, Pa) に行く道は

$$O \to \quad (Pb, 0) \quad \to (Pb, Pa)$$
$$O \to \quad (0, Pa) \quad \to (Pb, Pa)$$

---
[6]Goubault の論文 [Gou03] のp.103に絵があります。

7. 並列処理とホモトピー

の2つありますが, どちらを通っても結果は同じです。これは禁止区域の補集合の中で O と (Pb, Pa) を止めた道として連続変形で移り合う, つまりホモトピックであるからです。次の事実は Gunawardena が気がついたことの中で最も重要なものです。

命題 7.2.1. 2つの scheduling が表わす progress graph の上の道が, 禁止区域の補集合の中で両端を止めてホモトピックならば, 2つの scheduling は同じ結果を導く。

逆にホモトピックでない道は違う結果を引き起こす可能性があります。まず, 上の命題のおかげで格子点を通らない道も考えてもよくなったことに注意します。次の2つの transaction の scheduling を考えましょう。

$$T_A = PbVbPaVa$$
$$T_B = PaVaPbVb$$

立方体 $I^2 = [0,1] \times [0,1]$ の中での禁止区域の補集合の中で, 次の二つの道はホモトピックではありません。

そしてこの2つの scheduling は本質的に異なるものです。例えば, 飛行機の座席の予約を考えてみるとよいでしょう。a と b という2人のどちらが良い座席を確保できるかは, 2つの scheduling で全く逆になります。

Gunawardena は, このように並列処理での scheduling とホモトピーがうまく合うことに気がつき, 次のことを証明しました。

7.2. Progress Graphでのホモトピー

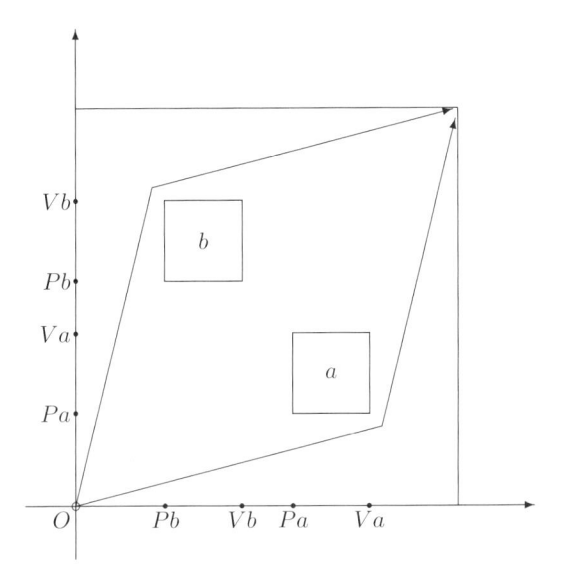

図 7.3: 2つの異なるscheduling

定理 7.2.2. Two phase locking を行なえば, deadlock に陥いらないような scheduling は必ず serialize された scheduling と同値になる。

「Two phase locking」とは, 各 transaction で必要なロックを全て済ませてから開放を始めることです。そして serialize された scheduling とは, 立方体の辺を通るような道で表わされるもの, つまり一つの transaction が完全に終ってから次の transaction を始めることです。

この定理は並列処理の理論では有名な事実のようですが, その

7. 並列処理とホモトピー

本質が禁止区域の補集合のホモトピー型であることに気がついたのは Gunawardena の功績です。

7.3　並列処理とモデル圏

このように, progress graph を考えると並列処理の問題が幾何学的問題に帰着され, 更にホモトピーが処理の同値性と密接に関係していることが分かってきました。

Gunawardena が用いたのは非常に初等的なトポロジーの議論ですから, より高度なトポロジーのテクニックを用いればもっと深い結果が得られる, と考えるのは普通でしょう。実際, Gunawardena は最後に次のように書いています:

> Since Poincaré's time a large number of powerful mathematical tools have been developed to study homotopical properties. It would be tremendously exciting if these tools could be put to use to prove deeper results about concurrency. (Pincaré の時代以来, 連続的変形を調べるために, 強力な数学の道具が数多く開発されてきた。 もしそのような道具を使って, 並列処理に関するより深い結果を証明することができたら, とても胸躍るようなことだろう。)

その後, 様々な人が並列処理の理論にホモトピー論の道具を適用することを考えてきました。 もちろん, 位相空間やCW複体の

7.3. 並列処理とモデル圏

ホモトピー論をそのまま使うことはできません。まずホモトピーが違います。最初にも書きましたが,並列処理の理論で大事なことは,時間を逆のぼることができないことです。まず道は各座標が非減少であるような道でなければならないし,そのような2つの道の間のホモトピーは,各座標が非減少という性質を保ったものでないといけません。このようなものを directed homotopy, 略して dihomotopy といいます。

このように,何となくホモトピー論と似ているんだけど違う,ということを感じたら,そこにモデル圏の構造が隠れていると考えるのが定石です。前章のモデル圏の例で述べた Lárusson の複素多様体を含むモデル圏もそうでした。「Oka principle」というトポロジー的な性質に着目することで,複素多様体のホモトピー論を行なうためのモデル圏が発見されたのです。

並列処理のための幾何学的あるいはトポロジカルモデルは,Goubault や Gaucher らにより色々考えられています。例えば,以下のようなものがあります:

- strict globular ω-category

- higher dimensioanl automata

- local po-space

- globular CW-complex

- flow

7. 並列処理とホモトピー

これらは, 含む含まれるの関係にあるものもありますし, 他にもまだまだモデルがあります。

この中で, モデル圏になる例として, 残りのページで Gaucher により [Gau03] で導入された flow という概念を簡単に説明しましょう。

Flow は, 射の集合が位相空間になる小圏 (位相圏) と非常に近いものです。また向きの付いたグラフ (quiver) とも関係があります。まずは, 最も基本となる quiver の定義を述べます。

定義 7.3.1. 有向グラフ (quiver) とは, 集合 X_0, X_1 と写像

$$s \; : \; X_1 \longrightarrow X_0$$
$$t \; : \; X_1 \longrightarrow X_0$$

の組 $X = (X_0, X_1, s, t)$ のことである。

X_0 がグラフの頂点の集合, X_1 が矢印の集合です。矢印 $f \in X_1$ に対し $s(f)$ がその始点, $t(f)$ がその終点です。

定義 7.3.2. X_0 と X_1 が位相空間で s と t が連続写像になるものを **topological quiver** という。

更に, 矢印の合成ができるのが flow です。

定義 7.3.3. X_0 が離散位相を持つ topological quiver X が, 更に写像

$$\circ : \bigl\{ (g, f) \in X_1^2 \bigm| s(g) = t(f) \bigr\} \to X_1$$

7.3. 並列処理とモデル圏

を持ち, 結合法則

$$(h \circ g) \circ f = h \circ (g \circ f)$$

をみたすとき, これを flow[7] という。

一見, progress graph とは全く関係ないようなものですが, 実は progress graph から flow を作ることができます。そして flow の圏では様々な構成ができます。例えば, 各種極限や写像錐の構成ができます。そして, Gaucher は flow の圏がモデル圏になることを証明しました。

定義 7.3.4. Flow の morphism

$$\varphi : X \longrightarrow Y$$

とは, 写像の組

$$\varphi_0 \;:\; X_0 \longrightarrow Y_0$$
$$\varphi_1 \;:\; X_1 \longrightarrow Y_1$$

で $s, t, \circ$ と可換になるもののことである。

φ_0 が X_0 から Y_0 への全単射で, φ_1 が (位相空間の) 弱ホモトピー同値写像であるとき φ を弱Sホモトピー同値という。

定理 7.3.5 (Gaucher). Flow の圏は, 弱Sホモトピー同値を weak equivalence とするモデル圏の構造を持つ。

---

[7]更に, 各 $x \in X_0$ に対し「identity morphism」 1_x が定まるものが**位相圏 (topological category)** です。

101

7. 並列処理とホモトピー

　残念ながらこれ以上詳しいことを述べる余裕はありませんが，モデル圏が登場する例としてこのようなものもあるのか，と思ってもらえればよいかと思います。

　ファイバー束→分類空間→関手の微積分→モデル圏と言う流れで，どんどん抽象的になってきてしまったので，次章では少し路線を変えて，オペラッドについて述べることにします。

8 多重ループ空間からオペラッドへ

　1960年代末から1970年代初頭にホモトピー論の要請により導入された概念で，1990年代以降，他の分野に活発に使われるようになったものが二つあります。一つは，第6章で述べたモデル圏です。もう一つは，J.P. May により[May72]で導入されたオペラッド (operad)[1]です。モデル圏が，複素多様体のホモトピー論のような壮大な理論を記述するために用いられるのに対し，オペラッドはより具体的な細かな構造を記述するのに用いられます。特に，複雑な代数的構造を記述するときには非常に便利な道具です。そして，代数的構造を「up to homotopy」にしたものを考えるときには，必要不可欠な概念です。

　それまで代数的トポロジーの一分野だけで使われていたオペラッドですが，1990年代になって，数理物理学も含めた数理科学の様々な分野に現われる構造が，オペラッドの言葉で記述できることが指摘されるようになりました。他の分野に与えた影響は

---

[1]「operad」を日本語でどう表現しようか迷いましたが，とりあえず安直にカタカナ表記にしました。

8. 多重ループ空間からオペラッドへ

「ルネッサンス」という言葉が用いられた ([LSV97]) 程です。同様に1990年代に急速にポピュラーになったモデル圏と比べても，その影響はずっと大きなものであると言って過言ではないでしょう。

その影響を全て網羅するのは不可能なので，本章ではオペラッドとは何か，そして何に使えるのかを分かってもらうこと目標に，基本的なアイデアを説明します。

8.1 オペラッドの起源：多重ループ空間

最初に述べたように，オペラッドは May により [May72] で定義されましたが，そのアイデアの元になったのは，Kudo, Araki, Dyer, Lashof, Boardman, Vogt らによる 1950年代から 1960年代にかけての，多重ループ空間のホモトピー論的な研究です。オペラッドの起源について説明する際には多重ループ空間のことに触れないわけにはいかないので，できるだけ簡潔にその基本的な性質を述べることにします。

まずループ空間とはどういうものか，思い出しましょう。

定義 8.1.1. X を基点 $*$ を持つ空間とする。X の上の**ループ空間** ΩX を

$$\Omega X = \{\gamma : I \to X \mid \gamma(0) = \gamma(1) = *\}$$

で定義する。位相はコンパクト開位相 (compact open topology) で定義する。基点への定値写像を ΩX の基点として，帰納的に

8.1. オペラッドの起源：多重ループ空間

n重ループ空間 $\Omega^n X$ を

$$\Omega^n X = \Omega(\Omega^{n-1} X)$$

で定義する。

帰納的な定義がまどろっこしいという人には，一気に書く表示の方がよいでしょう。

補題 8.1.2. 次の同相がある:

$$\begin{align}\Omega^n X &= \{\omega : I^n \to X \mid \omega(\partial I^n) = *\} \tag{8.1}\\ &= \{\omega : S^n \to X \mid \omega(*) = *\}\end{align}$$

ここで, I^n の境界 ∂I^n を潰した空間 $I^n/\partial I^n$ が n 次元球面 S^n と同相であることを用いていることに注意します。(図 8.1参照) そして ∂I^n を一点に潰してできた点 $*$ を S^n の基点としています。

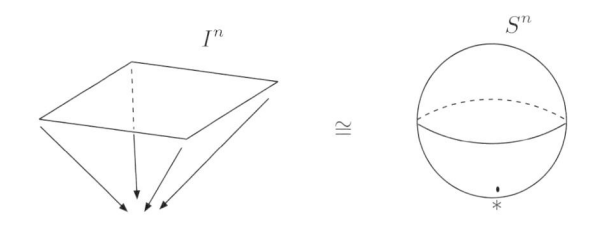

図 8.1: I^n の境界を潰すと S^n になる

ループ空間の持つ最も重要な性質は，積を持つということです。

8. 多重ループ空間からオペラッドへ

定義 8.1.3. 基点つき空間 X に対し, $\alpha, \beta \in \Omega X$ の積 $\alpha * \beta$ を

$$(\alpha * \beta)(t) = \begin{cases} \alpha(2t), & 0 \leq t \leq \frac{1}{2} \\ \beta(2t-1), & \frac{1}{2} \leq t \leq 1 \end{cases}$$

で定める。

これは基本群の積と全く同じです。実際, ΩX の弧状連結成分の集合 $\pi_0(\Omega X)$ は X の基本群と同一視できます。そして n 重ループ空間 $\Omega^n X$ については

$$\pi_0(\Omega^n X) \cong \pi_n(X)$$

という同一視ができます。ここで右辺は X の n 次ホモトピー群です。もしホモトピー群のこと少しでも勉強したことがあるなら, $n \geq 2$ では $\pi_n(X)$ の積は可換であることを知っているでしょう。これは $n=1$ のとき, つまり基本群との決定的な違いです。そして, 1重ループ空間と2重以上のループ空間の違いも, この積の可換性です。

2重ループ空間の積は次のような絵で表わすことができますが, この絵を用いて $\Omega^2 X$ の積の可換性を考えてみることにしましょう。

まず I^2 を最初の座標が $\frac{1}{2}$ のところで左右に分割し, それぞれの幅を2倍にして正方形を2枚作ります。そして左側を f で, 右側を g で写像したのが f と g の積 $f*g$ です。$g*f$ は左右を逆にして, 左側を g で, 右側を f で写像したものです。

106

8.1. オペラッドの起源：多重ループ空間

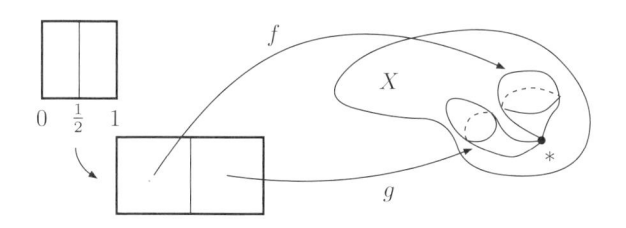

図 8.2: $\Omega^2 X$ の積

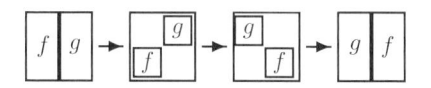

$f * g$ と $g * f$ は，もちろん違う写像ですが，幸いその間にホモトピーを作ることができます。絵で描くと次の図8.3ようになります。この絵は，$f * g$ や $g * f$ の定義域の正方形を表しています。そして，矢印はホモトピーの変形を表します。

図 8.3: $f * g \simeq g * f$

最初の正方形は，定義域が二分割され左右がそれぞれ f と g で写像されることを表わしています。そして I^n の境界と真ん中の仕切りは X の基点に写されます。最初の変形で f と g の定義域の長方形の高さを縮めますが，その二つの小さな正方形の外側は I^2 の境界と真ん中の仕切りが膨らんだものと考え，基点に写します。

次の変形で，f の定義域の小正方形を右に，g の定義域の小正方

8. 多重ループ空間からオペラッドへ

形を左に平行移動します．このとき，それらの小正方形の外側は全て基点に写されるので，気にせず小正方形を平行移動できることがポイントです．

そして最後に小正方形の高さをいっぱいまで伸ばせば，変形は完了です．このように「up to homotopy」で可換になるときホモトピー可換であると言います．よって，n重ループ空間 $\Omega^n X$ は $n \geq 2$ のときホモトピー可換な積を持つことが分かりました．

ここで重要なのは，そのホモトピーが X に無関係であり，完全に正方形 I^2 の性質のみに依るところです．1重ループ空間で同じことをやろうとしても無理なのは，「次元が足りない」ため I の中の二つの小閉区間は重なることなく入れ替えることができないからです．このように，I^n の次元が上がると変形の自由度が増します．このことを正確に述べるために，I^n の中の小さな I^n の成す空間を考えます．

定義 8.1.4. n次元の小立方体 (little cube)[2] とは，向きを保つアフィン写像 (傾きが正の直線の方程式で与えられるもの)

$$\ell_i : I \longrightarrow I \ (i = 1, \cdots, n)$$

を用いて

$$c = \ell_1 \times \cdots \times \ell_n : I^n \longrightarrow I^n$$

で与えられる埋め込み写像である．

---
[2] 本来なら「小直方体」と訳すべきでしょうが，英語の cube を直訳して「小立方体」と呼ぶことにします．

8.1. オペラッドの起源：多重ループ空間

n次元小立方体の集合を $\mathcal{C}_n(1)$ で表し，コンパクト開位相で位相空間とみなす。また j 個の内部が互いに交らない n 次元小立方体の成す空間を $\mathcal{C}_n(j)$ で表す。

$\mathcal{C}_n(j) =$
$\{(c_1, \cdots, c_j) \in \mathcal{C}_n(1)^n \mid c_i(\mathrm{Int} I^n) \cap c_{i'}(\mathrm{Int} I^n) = \emptyset \ (i \neq {'})\}$

この空間 $\mathcal{C}_n(j)$ の位相は次のような身近な位相であることが知られています。

補題 8.1.5. 写像

$$\xi : \mathcal{C}_n(1) \longrightarrow I^{2n}$$

を

$$\xi(c) = \left(c(\tfrac{1}{4}, \cdots, \tfrac{1}{4}), c(\tfrac{3}{4}, \cdots, \tfrac{3}{4})\right)$$

で定義するとこれは I^{2n} の中への開集合としての埋め込みである。よって $\mathcal{C}_n(j)$ は I^{2nj} の部分空間とみなすことができる。

この補題は，小立方体を考えるときには，次の図8.4 のようにその像の絵を描いて議論してもよいことを意味しています。

ここで図8.3を見直してみると，四つの正方形は，皆 $\mathcal{C}_2(2)$ の元とみなすことができることが分かります。そしてそれらを結ぶ矢印は $\mathcal{C}_2(2)$ の中の道です。ということは，$\Omega^2 X$ の積がホモトピー可換であったのは，$\mathcal{C}_2(2)$ が弧状連結だったからに他なりません。このように，$\mathcal{C}_n(j)$ の位相空間としての性質が $\Omega^n X$ のループ

8. 多重ループ空間からオペラッドへ

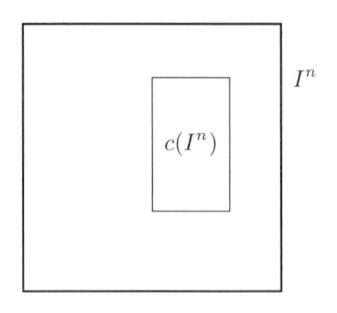

図 8.4: 2次元小立方体の像

空間構造を統率しているということが, 1960年代までの研究で分ったのです。

8.2 オペラッドの定義

このように, 二つのことにとても深い関連性があるということが分っても, その関連性を具体的に定理として述べ, 証明するのは簡単ではありません。 Quillen がモデル圏の定義を述べる前に, ファイブレーションやコファイブレーションという概念は広く使われていましたし, その性質もよく分かっていました。しかしながら, その中で最も重要なものを抜き出しモデル圏として公理化するのは, 凡人にはできない技です。

多重ループ空間と小立方体の空間の間の関係についても, 正確に述べるためにはその本質を見抜いて, それを記述するための概念を定義しなければなりません。 May が着目したのは, 小立方

8.2. オペラッドの定義

体が「はめ込み」の操作で合成できることです。

定義 8.2.1. 写像

$$\gamma : \mathcal{C}_n(j) \times \mathcal{C}_n(i_1) \times \cdots \times \mathcal{C}_n(i_j) \longrightarrow \mathcal{C}_n(k)$$

を $\mathcal{C}_n(j)$ の ℓ 番目の小立方体に $\mathcal{C}_n(i_\ell)$ の元を「はめ込む」ことで定義する。ただし

$$k = i_1 + \cdots + i_j$$

である。

例えば，次の三つの2次元小立方体を考えます。

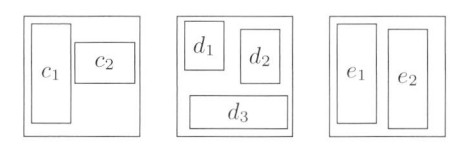

$\boldsymbol{c} = (c_1, c_2)$ の c_1 に $\boldsymbol{d} = (d_1, d_2, d_3)$ を，c_2 に $\boldsymbol{e} = (e_1, e_2)$ を幅と高さを合わせてはめ込み，c_1, c_2 の枠と，$\boldsymbol{d}, \boldsymbol{e}$ の外枠を消すと次の $\mathcal{C}_2(5)$ の元が得られます。

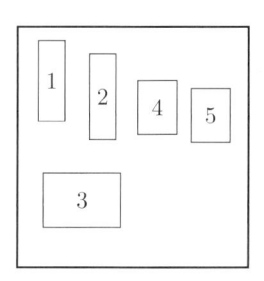

8. 多重ループ空間からオペラッドへ

これが, $\gamma(\boldsymbol{c};\boldsymbol{d},\boldsymbol{e})$ です.

オペラッドとは, この小立方体の空間の列

$$\mathcal{C}_n = \{\mathcal{C}_n(j)\}_{j\geq 0}$$

の持つ構造を抽象化して得られるものです. ただし $\mathcal{C}_n(0)$ は一点としています. スペースの節約のため, 次の「定義」では正確な条件は書きませんが, 多分賢明な読者なら条件の式を書き下すことは難しくないと思います.

定義 8.2.2. 位相空間の圏におけるオペラッドとは, 空間の列

$$\mathcal{C} = \{\mathcal{C}(j)\}_{j\geq 0}$$

で連続写像

$$\gamma : \mathcal{C}(j) \times \mathcal{C}(i_1) \times \cdots \times \mathcal{C}(i_j) \longrightarrow \mathcal{C}(k)$$

が, $k = \sum_\ell i_\ell$ をみたす場合に定義されている[3]ものであり, 次の条件をみたすものである:

1. γ は「結合法則」をみたす.

2. $\mathcal{C}(1)$ に特別な元 1 があり, γ に関し「単位元」の役割を果す.

3. 各 $\mathcal{C}(j)$ には j 次対称群 Σ_j が右から作用し, γ はその作用と「可換」である.

---

[3]このように一気に代入する γ を用いた定義の他に $\mathcal{C}(i)$ の元を $\mathcal{C}(j)$ の ℓ 番目に代入する写像 $\circ_\ell : \mathcal{C}(j) \times \mathcal{C}(i) \to \mathcal{C}(j+i-1)$ を用いる定義もあります.

オペラッドは, このように「結合法則」をみたし「単位元」を持つものなので, 群のように空間に作用することができます。

定義 8.2.3. オペラッド $\mathcal{C}$ の空間 X への作用とは, 写像の列

$$\theta_j : \mathcal{C}(j) \times_{\Sigma_j} X^j \longrightarrow X$$

で「結合性」とみたし $1 \in \mathcal{C}(1)$ が「単位元」として作用するもののことである。

次の May の結果により, 多重ループ空間と小立方体の空間から成るオペラッド $\mathcal{C}_n$ の関係が明確になりました。これは, オペラッドの概念が多重ループ空間の構造を記述するために本質的なものであることを述べたものと考えることができます。

定理 8.2.4 (May の recognition principle). 全ての n 重ループ空間には $\mathcal{C}_n$ が作用する。逆に $\mathcal{C}_n$ の作用する連結な空間 Y は, ある n 重ループ空間と弱ホモトピー同値になる。

8.3 オペラッドの世界の広がり

定義を見れば分かるように, オペラッドとその作用は, 位相空間の圏以外でも, × に対応する, 二つの対象から新しい対象を作る操作があり, X^j に j 次対称群 Σ_j の作用が定義できるような圏[4]ならば, 定義できます。また対称群の作用を持たないオペラッドも定義できます。例としては次のようなものがあります。

---

[4]正確には, 対称モノイダル圏 (symmetric monoidal category) と言います。

8. 多重ループ空間からオペラッドへ

例 8.3.1. 体 k 上のベクトル空間の圏 Vect/k では, k 上のテンソル積 $\otimes$ を用いてオペラッドを定義できる。全ての j に対し

$$\mathcal{C}om(j) = k$$

と定義すると, これは Vect/k でのオペラッドになる。ただし, 対称群の作用は自明な作用である。

May の recognition principle に対応するのは次の事実である。

$\mathcal{C}om$ の V への作用 $= V$ 上の (結合的な) 可換代数の構造

□

他にも, (可換とは限らない) 結合的代数の構造もオペラッドで記述できます。

例 8.3.2. 各 j に対し

$$\mathcal{A}ss(j) = k[\Sigma_j]$$

と定義する。ここで $k[\Sigma_j]$ は Σ_j の群環である。写像

$$\gamma : k[\Sigma_j] \otimes k[\Sigma_{i_1}] \otimes \cdots \otimes k[\Sigma_{i_j}] \longrightarrow k[\Sigma_{i_1+\cdots+i_j}]$$

を「block permutation」で定義するとこれはオペラッドになり, 次が成り立つ:

$\mathcal{A}ss$ の V への作用 $= V$ 上の結合的代数の構造

□

8.3. オペラッドの世界の広がり

このように，様々な既知の代数的構造がオペラッドを用いて表せることから，代数的構造の一般化や変種，特に既知の代数的構造を「up to homotopy」にしたバージョンが色々考えられるようになりました。これらはオペラッドの概念が発見されていなければ，純粋に代数的考察だけでは得られなかったものだと思います。

本章は長くなりすぎてしまったので，この話題については次章のテーマとして取り上げることにします。

最後に，オペラッドのアイデアの広がりを感じていただくために，オペラッドと小圏の共通の一般化について，簡単に述べたいと思います。

小立方体のオペラッドの構造を「はめ込み」として述べましたが，$\mathcal{C}_n(j)$ の元は入力が j 個で出力が 1 個の「作用素」とみなすことができるのです。例えば，$\mathcal{C}_2(2)$ の元は，三つの境界を持つ種数 0 の曲面とみなすことができますが (図 8.5 参照)，二つの小立方体に対応する境界を入力，外枠の立方体に対応する境界を出力と考えるのです。

右の曲面を「木の幹」とみなしたとき，オペラッドの「はめ込み」に対応するのは接木[5]の操作です。

一方で，圏の射は入力が一つで出力も一つです。射 $f : X \to Y$ を次の図 8.6 のように表すと，圏とオペラッドとの関係がハッキリするのではないでしょうか。

---

[5]第 1 章で「根っこのついた木」から成るオペラッドが登場したことを思い出した方もいるかと思います。

8. 多重ループ空間からオペラッドへ

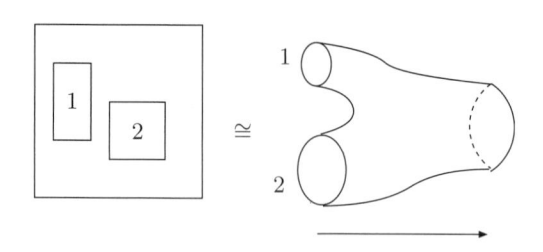

図 8.5: $\mathcal{C}_2(2)$ の元を曲面とみなす

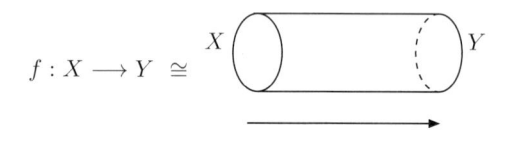

図 8.6: 射を筒とみなす

この，オペラッドのように「射が複数の入力と一つの出力を持つ圏」を考えるというアイデアはとても自然なもののようで，何人もの人が独立に思いつき，それぞれに名前を付けています。例えば，Lambek [Lam69] は multicategory, Moerdijk と Pronk は colored operad, そして Beilinson と Drinfel'd [BD04] は pseudotensor category と呼んでいます。

更に，Moerdijk と Weiss がその分類空間も構成 [MW07] しており，小圏の分類空間の構成で使われた単体的集合に対応する dendroidal set という概念も定義されています。小圏の分類空間，そしてオペラッドの有用性を考えると，これから様々な分野で使われそうな予感がします。

9 ホモトピー的代数

まずは,この章のタイトルから説明した方がよいでしょう。本書で既に何度も登場している,モデル圏の理論の原点となったQuillen の著書 [Qui67] のタイトルは「Homotopical Algebra」ですが,その意味するところ[1]は「Homological Algebraのホモトピー版」であり,「Homological Algebra」の和訳が「ホモロジー代数」であることを考えると,Quillen の著書のタイトル,よってモデル圏の理論は「ホモトピー代数」と翻訳すべきでしょう。本章のタイトルは,英語の「Homotopy Algebra」の翻訳です。

「Homotopy Algebra」については,まだ日本語での対応する用語が確立されていないと思うのですが,ここでは仮に「ホモトピー的代数」と呼ぶことにしました。その意味は,様々な代数的構造を「up to homotopy」にしたものということです。「ホモトピー化された代数的構造」と言った方が正確だと思いますが,短かくして「ホモトピー的代数」としました。

---

[1] Quillen に聞いたわけではないので私の想像ですが。

9. ホモトピー的代数

ややこしいので対応を整理すると以下のようになります:

英語	日本語
Homological Algebra	ホモロジー代数
Homotopical Algebra	ホモトピー代数
Homotopy Algebra	ホモトピー的代数

ホモトピー代数とホモトピー的代数の対応が逆のような気がしますが,「Homological Algebra」の訳語として「ホモロジー代数」が定着してしまったので, 仕方ありません。また, 内容を考慮すると, この対応が適当だと思います。

更に, Hinich の [Hin97] などの研究にあるように, 現在ではホモトピー的代数のホモロジー代数やホモトピー代数を考える必要もあり, 一層ややこしいことになっています...。

9.1 代数的構造のホモトピー化

さて, 前章で代数における積の可換性や結合性がオペラッドで表わせることを述べましたが, そのような積を「up to homotopy」にすること[2]を考えましょう。§8.3では,

$$\mathcal{A}s(j) = k[\Sigma_j]$$
$$\mathcal{C}om(j) = k$$

---
[2]どうしてそんなことを考えるのか, と思う読者も多いかと思いますが, その動機について詳しく述べる余裕はないので, 例えば Keller の解説 [Kel01] などを見て下さい。

9.1. 代数的構造のホモトピー化

と定義すると,

$$\mathcal{A}s = \{\mathcal{A}s(j)\}_{j \geq 0}$$
$$\mathcal{C}om = \{\mathcal{C}om(j)\}_{j \geq 0}$$

がオペラッドになり,その作用が結合的代数あるいは可換代数の構造と関係があることを,例として述べました。その正確な意味は以下の通りです。

定理 9.1.1. 可換環 k 上の加群の圏を $\mathsf{Mod}(k)$ で表わすと,$\mathsf{Mod}(k)$は k 上のテンソル積

$$\otimes : \mathsf{Mod}(k) \times \mathsf{Mod}(k) \to \mathsf{Mod}(k)$$

により対称モノイダル圏[3]になり,k 上の結合的代数および可換かつ結合的代数は,それぞれ $\mathsf{Mod}(k)$ でのオペラッド $\mathcal{A}s$ および $\mathcal{C}om$ の作用する対象のことである。

§8.1でオペラッドの起源として考えた,小立方体の空間と多重ループ空間の関係は,一言で言えばホモトピー可換性です。1重ループ空間と2重のループ空間の最大の違いは,2重ループ空間の積にはホモトピー可換性があることであり,それを記述するのが小立方体のなすオペラッドの作用でした。

結合的代数のような純粋に代数的な構造がオペラッドの作用で表わされることが分かったわけですが,それを「up to homotopy」にするためには何が必要でしょうか。もちろん,まずはホ

---

[3]正確な定義はここでは述べませんが,集合の圏での直積や加群の圏でのテンソル積のような「入れ替える操作のある二項演算」を持つ圏と思ってもらえば大丈夫です。

119

9. ホモトピー的代数

モトピーが必要です.問題は,考えている圏 Mod(k) ではホモトピーが存在しないことです. 代数におけるホモトピーとしてまず頭に浮ぶのは,鎖複体の間の写像に対するチェイン・ホモトピーですから,まず Mod(k) を k 上の鎖複体の圏に埋め込む必要があります.

定義 9.1.2. 可換環 k 上の鎖複体の圏を Ch(k)[4]と表わす.また Mod(k) の対象 M を 0次に M があり,それ以外の次数は全て 0 である鎖複体とみなし,Ch(k) の対象とみなす.よって部分圏としての包含がある:

$$\mathsf{Mod}(k) \hookrightarrow \mathsf{Ch}(k)$$

そして Mod(k) でのテンソル積は Ch(k) のテンソル積に拡張できます.

定理 9.1.3. Ch(k) は,テンソル積により対称モノイダル圏になる.

Ch(k) での $\mathcal{A}s$ や $\mathcal{C}om$ の記述する代数的構造は differential graded algebra や differential graded commutative algebra と呼ばれていて,様々な分野で使われる重要な概念です.では,これらの構造を「up to homotopy」にした構造,そしてそれらを記述するオペラッドは何でしょうか? これはそれほど簡単な問題ではありません.もちろん今では答えは分っていて, differential graded algebra の「up to homotopy」版である A_∞-algebra な

---
[4]話を簡単にするために,負の次数では 0 とします.

ら，後でみるようにオペラッドの言葉を用いずに記述することは可能です。そしてその方が普通でしょう。

しかしながら，結合的な構造を「up to homotopy」にするプロセスを理解するために，またトポロジーの世界に戻ることにしましょう。折角，代数の世界に足を踏み入れたところですが。本章のテーマのホモトピー的代数の出発点は Stasheff の [Sta63] であり A_∞-algebra もその論文のパートIIで登場したものですが，そのアイデアを理解するためには，トポロジーでのホモトピー結合性を理解する必要があります。

9.2 ホモトピー結合性

Stasheff の考えたのは，位相空間 X 上の連続な積

$$X \times X \longrightarrow X$$

です。X がループ空間 $X = \Omega Y$ のとき，§8.1 で見たようにその構造はオペラッド $\mathcal{C}_1$ で記述されます。$\mathcal{C}_1(j)$ は閉区間 $[0,1]$ の中の互いに内部の交わらない j 個の閉区間の成す空間でした。どんなホモトピーを使っても交わることなく閉区間を入れ替えることはできませんから，Σ_j を離散位相で位相空間と見なしたとき，ホモトピー同値

$$\mathcal{C}_1(j) \simeq \Sigma_j$$

が得られます。代数的な結合性を表わすオペラッドの j 番目が $k[\Sigma_j]$ であることを考えると，$\mathcal{C}_1(j)$ が積の結合性を「up to

9. ホモトピー的代数

homotopy」にした構造を表わすオペラッドであると考えられます。

実際には, Stasheff が A_∞ 構造を研究した時には, まだオペラッドの概念が発見されていなかったので, Stasheff は以下のようにして「高次ホモトピー結合性」を記述する構造を発見しました。まず, 積

$$\mu : X \times X \longrightarrow X$$

がホモトピー結合的であるとは, $(xy)z$ と $x(yz)$ を表わす二つの写像

$$\mu \circ (\mu \times 1) \quad : \quad X^3 \longrightarrow X$$
$$\mu \circ (1 \times \mu) \quad : \quad X^3 \longrightarrow X$$

の間にホモトピー

$$m_3 : [0,1] \times X^3 \longrightarrow X$$

があることと考えるのは自然でしょう。次に4個の元 x, y, z, w をかける場合はどうでしょう。結合性を全く仮定しない場合, 次の5通りの積の取り方があります

$$((xy)z)w, (x(yz))w, x((yz)w), x(y(zw)), (xy)(zw)$$

が, 3個の元をかけるときのホモトピー結合性を用いると, 図 9.1 のように, これらは互いにホモトピーで結ぶことができます。

もし X がループ空間ならば, これら5本の辺に対応するホモトピーの間のホモトピーを作ることができ, この五角形を埋めるこ

9.2. ホモトピー結合性

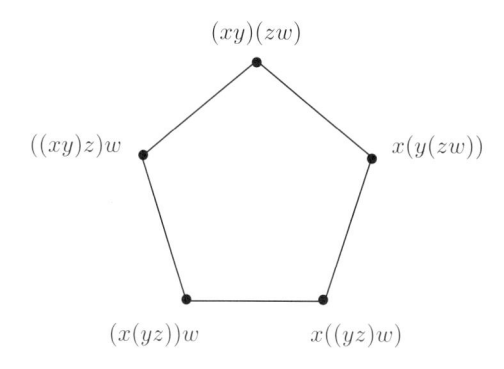

図 9.1: 4個の元をかけるときのホモトピー結合性

とができます。つまり K_4 を中身のつまった五角形とすると, 写像

$$m_4 : K_4 \times X^4 \longrightarrow X$$

で各辺に制限すると図の5本のホモトピーになるものが存在するのです。 Stasheff はより一般に「n次ホモトピー結合性」を記述する $(n-2)$次元の凸多面体 K_n[5]を構成しました。 現代的には次のように木という概念を用いて定義するのが簡単です。 木は, 第1章でもでてきましたが, ここでその定義を復習しておきましょう。

定義 9.2.1. 可縮な1次元有限単体的複体を**木 (tree)** という。 0単体を**頂点**, 1単体を**辺**と呼ぶ。 1つの辺としか接していない

---
[5]Stasheff は $(n-2)$ 次元球体と同相な胞複体として定義しましたが, 現在では凸多面体として考えるのが一般的です。

9. ホモトピー的代数

頂点を**葉 (leaf)** と呼び，それ以外の頂点を**内部の頂点 (internal vertex)** と呼ぶ。葉を1つ指定した木を**根つき木 (rooted tree)** と呼び，指定した葉のことを**根 (root)** と呼ぶ。平面に描かれた rooted tree を**平面根つき木 (planar rooted tree)** と呼ぶ。平面上に描くときは根を下に，それ以外の全ての葉を同じ高さに並ぶように水平に描くことにする。

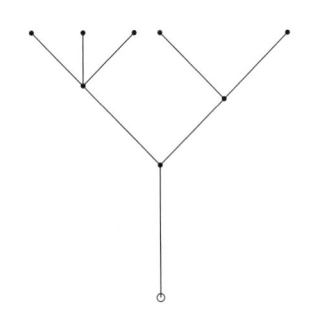

図 9.2: 平面根つき木

この絵からも分かるように，平面根つき木では，自然に葉に番号が付きます。また内部の頂点が k 個あるときには，内部の辺は $k-1$ 個になりますが，そのとき根から反時計回りに内部辺に番号を付けておきます。

定義 9.2.2. 内部の頂点を k 個，葉を n 枚持つ平面根つき木の集合を $Y_{n,k}$ で表わす。空間 K_n を以下で定義する:

$$K_n = \left(\coprod_{k=1}^{n-1} Y_{n,k} \times I^{k-1} \right) \Big/ \sim$$

9.2. ホモトピー結合性

ただし, 同値関係 $\sim$ は

$$(T; s_1, \cdots, s_{i-1}, 0, s_i, s_n) \sim (d_i(T), s_1, \cdots, s_{i-1}, s_{i+1}, \cdots, s_n)$$

で定義されるものであり, d_i は i 番目の内部辺を潰す操作である。

K_n の元を $[T; s_1, \cdots, s_n]$ と表わしたとき, パラメーター s_i は平面根つき木 T の i 番目の内部辺の長さを表わすと解釈できます。つまり K_n は内部辺に長さのついた n 枚の葉を持つ平面根つき木の集合とみなすことができます。そして, $(n-k-1)$ 次元の面が k 個の内部頂点を持つ平面根つき木でラベル付けされた凸多面体として実現できることが知られています。

定義 9.2.3. 凸多面体 K_n を n 次の associahedron, または Stasheff 多面体という。

Stasheff の結果 (の一部) をオペラッドの言葉で述べると以下のようになります。

定理 9.2.4. $\mathcal{K} = \{K_n\}_{n \geq 1}$ は, 平面根つき木の接木の操作で, 対称群の作用を持たないオペラッド[6]になる。連結なCW複体 X がループ空間とホモトピー同値になるための必要十分条件は, X が $\mathcal{K}$ の作用を持つことである。

---

[6]前章のオペラッドの定義で, 対称群の作用に関する条件をなくしたもの。

9.3 ホモトピー的代数の例

一般に，CW複体のオペラッド $\mathcal{D}$ があり，そのオペラッドの構造を表わす写像が全て胞体写像のとき，各 $\mathcal{D}(n)$ の胞体的鎖複体 $C_*(\mathcal{D}(n))$ を集めたもの $C_*(\mathcal{D}) = \{C_*(\mathcal{D}(n))\}_{n \geq 1}$ は鎖複体の圏のオペラッドになります。よってCW複体 X がループ空間とホモトピー同値のとき，その胞体的鎖複体 $C_*(X)$ には associahedron からできる鎖複体のオペラッド $C_*(\mathcal{K})$ が作用します。Stasheff は，その論文のパートIIでこのオペラッドの作用の具体的な記述を求めました。それを抽象化したものが，ホモトピー的代数の代表的な例である A_∞-algebra[7]です。

定義 9.3.1. k を可換環とする。k 上の A_∞-algebra とは，次数付きの k 加群 $A = \bigoplus_{n \in Z} A_n$ と各 $n \geq 1$ に対し次数 $2-n$ の写像

$$m_n : A^{\otimes n} \longrightarrow A$$

とから成り，次の条件をみたすものである：

1. $m_1 \circ m_1 = 0$

2. $\sum (-1)^{r+st} m_{r+1+t}(1^{\otimes r} \otimes m_s \otimes 1^{\otimes t}) = 0$, ただし和は $n = r+s+t$ となる分解すべてを動く。

例 9.3.2. CW複体 X がループ空間とホモトピー同値のとき，その胞体的鎖複体 $C_*(X)$ は A_∞-algebra になる。 □

---

[7] Stasheff らはホモトピー的にした代数的構造に「strongly homotopy」という形容詞をつけることが多く, strongly homotopy associative algebraと呼ばれることもありました。今では，「A_∞-」という接頭辞も一般的になったので, A_∞-algebra と呼ぶのが一番通りが良いでしょう。

9.3. ホモトピー的代数の例

例 9.3.3. 任意の differential graded algebra は, m_1 を微分, m_2 を積, $k \geq 3$ で $m_k = 0$ とおくことにより A_∞-algebra とみなすことができる。 □

Stasheff の研究は, 元々は位相群の一般化である Hopf 空間 (Hopf space) の性質に関するものでしたが, それが associahedron の成すオペラッドの作用, そしてその胞体的鎖複体の作用, 更に次数付き加群とその上の写像の族という形に言い換えられたことにより, 様々な分野への応用が広がっていきました。

自然なアイデアは, A_∞-algebra を代数的構造をホモロジー代数で調べるときに使うということでしょう。 様々な分野で differential graded algebra や differential graded module は重要な役割を果していますが, A_∞-algebra やその上の module はそれを包括するより自然な構造と考えることができます。例えば, differential graded module をそのホモロジーから再構築することに使えたりします。

もっと有名な話題は, Fukaya による A_∞-category [Fuk93], そしてそれに触発された Kontsevich の homological mirror symmetry 予想 [Kon95] でしょう。可換環 k 上の algebra は, k 加群の圏の monoid object に他ならないこと, そして monoid は object が一つの小圏に他ならないことから, k-algebra や differential graded k-algebra の「many-objectification[8]」が考えられ

---

[8] horizontal categorification と呼ばれることもあります。

9. ホモトピー的代数

ます。A_∞-algebra の「many-objectification」が A_∞-category です。

このように A_∞ 構造についてもまだまだ興味深い話題が多いのですが, もちろん他にも様々な種類のホモトピー的代数が考えられています。代表的なのは, これも Stasheff による L_∞-algebra でしょう。Lie環の「strongly homotopy version」です。またホモトピー的代数全般について忘れてはいけないのが, Ginzburg と Kapranov によるオペラッドの Koszul duality [GK94] です。そこでは, 代数的構造を記述するオペラッド $\mathcal{P}$ に対し, Koszul dual と cobar construction を用いてその「strongly homotopy version」を構成する方法[9]が述べられています。

他にも, 代数的な構造を考える際にオペラッドが有効に使われている例は色々あります。例えば, 結合的代数の Hochschild complex に関する Deligne 予想は, オペラッドの起源となった小立方体の成すオペラッドが代数的構造に登場する例です。また vertex operator algebra や conformal field theory などの構造も, 古くからオペラッドとの関係が調べられてきました。Vaughan Jones による planar algebra [Jon] もオペラッドが有効に使われている例です。ホモトピー的代数ではないですが。

「ホモトピー的代数」というタイトルにもかかわらず, まだ A_∞ 構造の説明だけしかしていませんが, この辺で本章を終るこ

---

[9]Markl らによると, Ginzburg-Kapranov タイプでない「unnatural」な strongly homotopy algebraもあるようですが。

9.3. ホモトピー的代数の例

とにします．トポロジーに現われた構造が，代数的構造そして数理物理に現われる構造を調べるのに有効に使われている例として，また「ホモトピー的代数」の起源としても，A_∞ 構造は重要であると思いますので，それほどピントははずれていないかと思っています．

次章では，本章で登場した associahedron や tree のような組み合せ論的構造と代数的トポロジーの関係について述べることにします．Stasheff の研究は，代数的トポロジーに複雑な組み合せ論的構造が現われる例ですが，実は，逆に組み合せ論において代数的トポロジーの道具を応用しようという試みも盛んです．その中のいくつかの話題を選んでお話します．

10　組み合せ論と代数的トポロジー

　トポロジーと組み合せ論の関係と言えば，トーラスの作用を持つ多様体 (トーリック多様体など) と凸多面体の関係が有名ですが，これは，組み合せ論の代数的トポロジーへの応用であり，本章ではあえて取り上げないことにします。興味のある方は，例えば Buchstaber と Panov の [BP02] などをご覧下さい。ここで取り上げたいのは，代数的トポロジーの組み合せ論の問題への応用です。

10.1　組み合せ論とトポロジーの関係

　さて，組み合せ論と聞いて想像するものは人によって様々でしょう。私がすぐに思いつくものとしては次のようなものがあります。

- 分割や数え挙げ

- グラフや有向グラフ

10. 組み合せ論と代数的トポロジー

- 凸多面体

- 超平面配置

分割やその数え挙げの問題は，おそらく最も基本的な組み合せ論の研究テーマではないかと思います。上に挙げた中では，これ以外の残りは全て「図形」に関することです。

その中では，グラフは基本的な組み合せ論の研究対象の一つと言えるのではないでしょうか。1次元の単体的複体とみなせば，トポロジーの研究対象と考えることもできますが，残念ながらそのような視点からはあまり深い結果は得られません。1次元の有限単体的複体は円周 S^1 をいくつか1点でくっつけた空間とホモトピー同値になるからです。基本群は自由群で，2次以上のホモトピー群は全て消えているので，グラフを1次元単体複体とみなすことは，自由群を考えることと本質的に同じ[1]ことです。

そのような直接の研究対象ではなく，複雑な構造を記述するための道具としてならトポロジーでもよく使われています。例えば，第9章で述べた associahedron の構成にも，グラフの特別なものである tree が使われていました。辺に向きを指定した有向グラフ，つまり quiver は，第7章で小圏の条件を弱めたものを定義するために登場しました。最近では，数理物理から影響[2]もあり，quiver から定義された鎖複体 (graph complex) を用いて複雑な空間のコホモロジー類を構成することも行なわれています。

---

[1]なので，自由群の部分群が自由群であることの証明には，グラフと被覆空間の理論を使うのが簡単です。

[2]いわゆる，Feynman diagram ですね。

10.1. 組み合せ論とトポロジーの関係

凸多面体 (convex polytope) も球体と同相であり, 可縮になってしまうので, 凸多面体そのものをトポロジーの研究対象としてもあまり面白くありません。 しかしながら, associahedron のように, その面の構造が複雑な構造を記述するのに適していることもあります。 例えば, 第8章で述べた多重ループ空間の研究のうち, Milgram によるものは permutohedron という種類の凸多面体で記述されます。

超平面配置 (hyperplane arrangement) というのは, ベクトル空間の中に超平面がいくつか配置されている状況のことで, これも可縮な空間の中に可縮な空間が入っているだけだと思うと, トポロジーの視点からはあまり興味深いものには思えません。 しかしながら, 複素ベクトル空間の超平面配置が与えられたとき, その超平面達の補集合は興味深い空間[3]になります。 例えば, 第8章で登場した2次元の小立方体の空間 $\mathcal{C}_2(n)$ は, 超平面

$$H_{i,j} = \{(z_1, \cdots, z_n) \in \mathbb{C}^n \mid z_i = z_j\}$$

から成る超平面配置

$$\mathcal{A}_{n-1} = \{H_{i,j} \mid 1 \leq i < j \leq n\}$$

の補集合とホモトピー同値

$$\mathcal{C}_2(n) \simeq \mathbb{C}^n - \bigcup_{1 \leq i < j \leq n} H_{i,j}$$

---

[3]実ベクトル空間の超平面配置では, 補集合は凸な開集合の共通部分を持たない和集合になり, 可縮な領域の集まりですが, その面の組み合わせ論的な構造が, それを複素化した超平面配置の補集合のホモトピー型を決めているという有名な事実があります。

になりますが,このことから超平面配置の補集合がかなり複雑になり得るということが,想像できると思います。

逆に超平面配置は組み合せ論の研究対象かというと,それはちょっと微妙な問題かもしれません。例えば,1次多項式の積で表わされる代数多様体と思うこともできるからです。ただ,グラフや多面体などの各種組み合せ論的構造を包括して扱うことに有効な,マトロイド (matroid) や有向マトロイド (oriented matroid) という概念は,超平面配置がその起源の一つですから,組み合せ論の対象としても重要なものと言えるでしょう。

10.2 ポセットとして表せるもの

このような各種組み合せ論的構造を,統一的に扱う手法はいくつか開発されています。上記のマトロイドや有向マトロイドの他には,ポセット (poset[4]) が重要です。

例えば,凸多面体 P が与えられたとき,その構造を表わす本質的な情報は何でしょうか? 正多面体などのように,多面体の対称性が重要なときには Euclid 空間の部分集合としての表示が重要ですが,そのような話題は組み合せ論というよりも metric geometry[5] に属するものでしょう。重要なのは大きさや Euclid 空間の中での配置ではなく,面と面がどのように貼り合わさって

---

[4] 第1章でも出てきましたが, poset は partially ordered setの略です。日本語では半順序集合です。

[5] 距離空間,特に Euclid空間での距離を意識した幾何学,というような意味で使われることが多いと思うのですが,日本語では何と言うのか分かりません。

10.2. ポセットとして表せるもの

いるかです。多面体の面の定義は, 正確に述べると長くなるので省略させていただきます。ただし, 面と言ったときには, 多面体の次元より1だけ次元の低いもの[6]だけではなく, 頂点や辺も含めていることに注意します。

定義 10.2.1. 凸多面体 P の i 次元面の集合を $F_i(P)$ とする。

$$F(P) = \bigcup_{i=0}^{\dim P} F_i(P)$$

を P の**面ポセット** (face poset) という。

名前から $F(P)$ はポセットになっているはずですが, その順序の定義には2種類あってちょっと混乱します。素直に考えると, $\sigma, \tau \in F(P)$ に対し

$$\sigma \leq \tau \iff \sigma \subset \tau$$

と定義するのがよさそうに思えますが, 実際には

$$\sigma \leq \tau \iff \sigma \supset \tau$$

と決めることが多いようです。本質的な違いはないので, ここでは素直な前者の順序で考えます。そして, 二つの凸多面体が同値 (組み合せ同値) であるとは, その面ポセットがポセットとして同型であることと定義します。

グラフや超平面配置からも, ポセットが作られます。超平面配置は次章のテーマですが, 超平面の交わりで面を定義し, 面の成

---

[6]facet や tope などと言ったりしますが, 文献によって様々です。

すポセットを考えることができます。残念ながら、グラフからはそのように自然にできるポセットはありません。ところが、逆にいろんな方法でグラフから多種多様なポセットが構成されててます。

10.3 グラフからポセットを作る

グラフから作られるポセットの例をいくつかみてみましょう。これまでグラフという言葉は何度も用いてきましたが、まだ正確な定義を述べていなかったと思います。グラフの定義には様々な流儀がありますが、有向グラフの定義は定義 7.3.1 で述べてあるので、それに近い次の定義を用いることにします。

定義 10.3.1. グラフ G とは二つの集合 $V(G)$, $E(G)$ と写像

$$v : E(G) \longrightarrow \left\{ S \in 2^{V(G)} \mid |S| \leq 2 \right\}$$

が定められているものである。$V(G)$ を頂点 (vertex) の集合、$E(G)$ を辺 (edge) の集合、$v(e) = \{x, y\}$ のとき x と y を辺 e の両端の頂点という。

ここで $2^{V(G)}$ は $V(G)$ の部分集合の集合、つまり巾集合です。普通は、二重辺を持たない[7]とか、ループを持たない[8]とか条件を付けたりします。ここでも、後で二重辺を持たないものに限定して考えることにしますが、グラフの間の準同型について考える際に

---
[7] 写像 v が単射ということです。
[8] 各辺 e に対し $v(e)$ の元の個数が 2 個ということです。

10.3. グラフからポセットを作る

は, この一般的な形で考えた方がスッキリします。またグラフは, 普通頂点を辺で結んだ「図形」として認識されることが多いと思いますが, 本質は上の定義です。

定義 10.3.2. グラフ G から H への**グラフ準同型** (graph homomorphism) とは, 写像の対

$$f_V : V(G) \longrightarrow V(H)$$
$$f_E : E(G) \longrightarrow E(H)$$

で次の図式を可換にするものである。

$$\begin{array}{ccc} E(G) & \xrightarrow{f_E} & E(H) \\ {\scriptstyle v}\downarrow & & \downarrow{\scriptstyle v} \\ 2^{V(G)} & \xrightarrow{2^{f_V}} & 2^{V(H)} \end{array}$$

グラフを対象, グラフ準同型を射としてグラフの圏 **Graphs** ができます。グラフからできるポセットの中でも重要なものとして Hom complex と呼ばれるものがありますが, それはその名の通り G から H への射の集合 **Graphs**(G, H) をポセットになるように拡張したものです。ただし, グラフ準同型を頂点の間の写像として考えるために, 以下グラフは全て二重辺を持たないものとします。

G が二重辺を持たないときには, 辺に頂点を対応させる写像 $v: E(G) \to 2^{V(G)}$ は単射ですから, グラフ準同型

$$f: G \longrightarrow H$$

137

10. 組み合せ論と代数的トポロジー

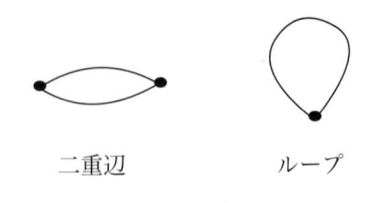

二重辺　　　ループ

図 10.1: 二重辺とループ

は頂点の間の対応だけで決まります。つまり，写像

$$f : V(G) \longrightarrow V(H)$$

で G の中で辺で結ばれている頂点を H の中でも辺で結ばれている頂点に写すものです。この辺で結ばれているという状況を表わすのに次の記号を使いましょう。

定義 10.3.3. グラフ G の二つの頂点 x, y が辺で結ばれているとき $x \sim_G y$ と表わす。

定義 10.3.4. 二重辺を持たないグラフ G と H に対し，写像の成す集合 $\mathrm{Map}(V(G), 2^{V(H)})$ の部分集合 $\mathrm{Hom}(G, H)$ を次のように定義する:

$\varphi \in \mathrm{Hom}(G, H) \iff x \sim_G y$ のとき

$$\forall a \in \varphi(x), \forall b \in \varphi(y),\ a \sim_H b$$

つまり，$\mathrm{Hom}(G, H)$ の元は G の頂点に対し H の頂点の集合を対応させる写像で，辺の繋がりを保つものです。一般に P が

10.3. グラフからポセットを作る

ポセットならば, 任意の集合 X に対し X から P への写像の集合 $\mathrm{Map}(X,P)$ はポセットになります。 $2^{V(H)}$ は包含関係でポセットになりますから $\mathrm{Hom}(G,H)$ もポセット $\mathrm{Map}(V(G),2^{V(H)})$ の部分集合としてポセットになります。

部分集合を対応させる写像なので, すぐにはその意味するところが何か, よく分かりません。その有用性を理解するには, グラフの彩色数を考えるとよいでしょう。

定義 10.3.5. グラフ G の**彩色数** (chromatic number) $\mathrm{ch}(G)$ を[9], 辺で結ばれている頂点は異なる色で塗り分けるときに必要な最小の色の数, と定義する。

例 10.3.6. H が頂点が n 個の**完全グラフ** (complete graph) K_n の場合を考えてみましょう。 完全グラフとは, 全ての異なる頂点が互いに辺で結ばれているグラフのことです。 つまり, 単体の辺と頂点でできるグラフのことです。

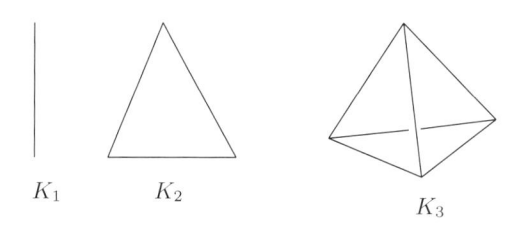

K_1 K_2 K_3

図 10.2: 完全グラフ

---
[9]普通は $\chi(G)$ と表わすようですが, これでは Euler 標数と区別がつきません。ch も Chern character と同じ記号ですが, 使われる文脈が違うので混同することはないでしょう。

10. 組み合せ論と代数的トポロジー

f をグラフ G から完全グラフ K_n へのグラフ準同型とします。f は G の頂点に K_n の頂点を対応させる写像です。完全グラフ K_n の頂点が集合 $\{1, 2, \ldots, n\}$ であるとすると f は G の頂点に 1 から n までの番号を付けるルールと考えることができます。グラフ準同型の条件から G の二つの頂点 x と y が辺で結ばれているとすると, $f(x)$ と $f(y)$ も K_n の中で辺で結ばれていなければなりません。ところが K_n はループ[10]を持たないため $f(x)$ と $f(y)$ が辺で結ばれているということは, $f(x) \neq f(y)$ ということです。

言い換えると, G から K_n へグラフ準同型が存在するということは, G の頂点が n 色で塗り分けられるということです。よって G の彩色数は

$$\mathrm{ch}(G) = \min\{n \mid \mathsf{Graphs}(G, K_n) \neq \emptyset\}$$

と表わせます。 □

Hom complex は二つのグラフから作られたポセットですが, 1つのグラフから定義されるポセットも色々あります。例えば Lovász の neighborhood complex などです。

定義 10.3.7. グラフ G に対し $2^{V(G)}$ の部分集合 $N(G)$ を次で定義する

$$N(G) = \left\{ S \in 2^{V(G)} \;\middle|\; \exists x \in V(G) \text{ s.t. } \forall y \in S, x \sim_G y \right\}$$

---
[10]ループとはある頂点から出発し元の頂点に戻る辺, つまり $v(e)$ が唯一の頂点から成る辺 e のことです。

これを neighborhood complex という。

つまり, $S \in N(G)$ とは, S の全ての頂点と辺で結ばれる頂点が存在するということです。このようなグラフから作られるポッセットにはまだまだ多くの例があります。興味を持った方は, Jonsson の本 [Jon08] を見るとよいでしょう。

10.4　組み合せ論的代数的トポロジー

このようなグラフから作られるポセットに全て「〜 complex」という名前が付いていることから分かるように, これらは普通は単体的複体とみなされます。実は, ポセットと単体的複体の間にはとても良い対応があり, それを用いてトポロジーの対象にすることができるのです。他にも組み合せ論的構造から様々なポセットが作られますが, それらも皆単体的複体と考えればトポロジーの研究対象となります。そこで, 残りのページでポセットと単体的複体の関係を説明することにします。まず, ポセット P を小圏とみなすと, §4.3 で見たようにその分類空間 BP を考えることができます。ポセットの場合は, 分類空間を取る前の simplicial set $N(P)$ が次よう な良い構造を持ちます。

命題 10.4.1. ポセット P を小圏とみなし,

$$\overline{N}_n(P) = N_n(P) - \bigcup_{i=0}^{n} s_i(N_{n-1}(P))$$

10. 組み合せ論と代数的トポロジー

とおく。すると，$\overline{N}(P) = \{\overline{N}_n(P)\}_{n \geq 0}$ は抽象単体的複体[11]となり，

$$BP = |\overline{N}(P)|$$

となる。

定義 10.4.2. ポセット P に対し，順序付き単体的複体 $\overline{N}_*(P)$ を P の**順序複体** (order complex) と呼び，$\Delta(P)$ で表わす[12]。

この対応により，組み合せ論的なデータから得られるポセットは，全て単体的複体とみなすことができます。逆に単体的複体からポセットを作ることもできます。最初に述べた凸多面体の面ポセットの定義がそのまま適用できます。

定義 10.4.3. 抽象単体的複体 K に対し，その面の集合を $F(K)$ と書き包含関係でポセットとみなす。これを K の**面ポセット** (face poset) と言う。

これで二つの関手ができました:

$$B : \text{Posets} \longrightarrow \text{Simplicial Complexes},$$

$$F : \text{Simplicial Complexes} \longrightarrow \text{Posets}$$

残念ながら互いに逆にはなっていないのですが，次のような関係があります。

---

[11] 定義 4.2.1, 正確には順序付き単体的複体。
[12] $\overline{N}_*(P)$ のままでもいいのですが，順序複体の標準的な記号に合わせてみました。

10.4. 組み合せ論的代数的トポロジー

命題 10.4.4. 任意の有限抽象単体的複体 K に対し

$$BF(K) = |\operatorname{Sd}(K)|$$

である。ここで $\operatorname{Sd}(K)$ は K の**重心細分**である。よって $BF(K)$ は $|K|$ と同相である。

上記の neighborhood complex $N(G)$ は、実は $V(G)$ の部分集合族として抽象単体的複体の構造を持ちますが、この命題によりその抽象単体的複体を考えることと、ポセットとみなし分類空間をとって考えることが同じ[13]になります。

とにかく、このようにしてグラフからポセットあるいは単体的複体を作る方法が発見されると、その単体的複体をトポロジーの道具で調べようというのは非常に自然な考えです。§1.2 で少し触れた Euler のグラフの研究は、トポロジーの起源の一つと考えられることも多いようです。ただ、最初に述べたように、グラフを1次元単体的複体 (胞体複体) とみなすだけではそれほど深い結果は得られません。長い間グラフとトポロジーの関係は、このような原始的なレベルに留まっていましたが、1970年代の Lovász の研究などにより、グラフからできる各種単体的複体のトポロジカルな性質が有用であることが分かってきました。Lovász は上記の neighborhood complex を用いて次を証明しました。

---

[13]それなら、ポセット P に対し $F(BP)$ も P と同じと思っていいのか、と思う人もいるかもしれませんが、実はその通りです。$F(BP)$ は P のポセットとしての細分になります。ポセットの細分について説明は省略させていただきますが、興味を持った方は、より一般に小圏の細分について del Hoyo の論文 [Hoy08] を読むことをお勧めします。

143

10. 組み合せ論と代数的トポロジー

定理 10.4.5 ([Lov78]). ある $k \in \mathbb{Z}$ ($k \geq -1$) に対し neighborhood complex $N(G)$ が k 連結[14]ならば

$$\mathrm{ch}(G) \geq k+3$$

である。

Lovász によるこのグラフから単体的複体を作るという手法の発見により, グラフとトポロジーの関係が一段階高いレベルに上ったと言えるでしょう。 Lovász の用いたトポロジーの道具は Borsuk-Ulam の定理[15]ですが, より高度なトポロジーの道具を用いれば, より深い結果が得られると期待するのは自然です。 そして実際, 1990年代以降 Björner, Babson, Kozlov, Ziegler などの研究によりこの分野が大きく発展しました。 その代表的な成果としては, Babson と Kozlov による Lovász 予想の解決が挙げられます。

定理 10.4.6 ([BK07]). グラフ G に対し, ある $r, k \in \mathbb{Z}$ ($r \geq 1$, $k \geq -1$) について $\mathrm{Hom}(C_{2r+1}, G)$ が k 連結ならば, $\mathrm{ch}(G) \geq k+4$ である。 ただし C_{2r+1} は $2r+1$ 角形の辺と頂点から成るグラフである。

Babson と Kozlov は, その論文では主にスペクトル系列 (spectral sequence) によるホモロジーの計算を行なっているのですが, その手法は1950年代に Serre により用いられて以来, 代数的トポ

---
[14]定義4.1.2
[15]Borsuk-Ulamの定理については, Matousek の本 [Mat03] があります。

10.4. 組み合せ論的代数的トポロジー

ロジーにおける基本的な手法となっているものです。このように代数的トポロジーで開発された道具が, どんどん組み合せ論的なデータから作られたポセットや単体的複体を調べることに使われるようになり,「組み合せ論的代数的トポロジー (combinatorial algebraic topology)」というべき分野に発展しています。

最初にトポロジーの道具を組み合せ論の研究対象に応用しようと考えたのが Lovász なのかどうか, 私にはよく分かりません。ただ, 現在この分野が急速に発展していることは確かです。そのことは Kozlov による本 [Koz08] が出版されたことからも分かると思います。この分野に興味を持った方は, まずこの Kozlov の本を見てみると良いでしょう。Hom complex についても詳しく書かれていますし, 上記のスペクトル系列以外にも「組み合せ論的代数的トポロジー」で用いられる主要な道具, 例えば Forman の離散モース理論 (discrete Morse theory) などについても解説されています。

本章では, 主にグラフからできる単体的複体を扱いましたが, 次章では, もう一つの重要な組み合せ論的データの例として, 有向マトロイドと超平面配置について解説します。

11　超平面配置と有向マトロイド

　本章では，超平面配置 (hyperplane arrangement) について考えます。超平面配置は数学の分野としてどこに属しているでしょうか。私にはよく分かりません。超平面の交わりを特異点とみなせば特異点論の研究対象ですが，超平面の法線ベクトルの間の関係とみなせば，線形代数の問題です。

　実際，有限個のベクトルの間の一次従属性を抽象化した概念としてマトロイド (matroid) や有向マトロイド (oriented matroid) という概念がありますが，これらは超平面配置に密接に関係した概念です。余談になりますが，マトロイドの概念は Hassler Whitney により1935年に導入されたとされ，私もずっとそう思ってきたのですが，実は同じ年に，中澤武雄という日本人数学者によっても独立に発見されていたようです。最近その中澤武雄氏についての本 [NK09] も出版されました。

　さて，ここでは実係数の1次式で定義された複素ベクトル空間での超平面配置と，その有向マトロイドとの関係を考えることに

します。

11.1 超平面配置とは

考えるのは, n次元ユークリッド空間 $\mathbb{R}^n$ の中に有限個の超平面

$$H_1, H_2, \cdots, H_\ell$$

がある状況です。$n=1$ のときは超平面とは0次元のアフィン部分空間, つまり1点ですから, 数直線 $\mathbb{R}$ 上に有限個の点が配置されているだけです。

図 11.1: $\mathbb{R}$ 上の超平面配置

これでは, トポロジーとどう関係があるのかよく分かりません。$n=2$ のときはどうでしょう？ $\mathbb{R}^2$ の中にいくつかの直線が配置されているという状況は, 素直に考えるといくつかの場合に「分類」できると思います。例えば, $\ell=2$ のとき, 2本の直線が平行か否かというのは大きな違いです。

この違いを初等的なトポロジーの概念で説明するには, 補集合の連結成分に着目するとよいでしょう。$\mathbb{R}^2$ の中に直線 H_1 があると, $\mathbb{R}^2$ が2つの連結成分に切り分けられます。もう1本直線 H_2 があると, それらの連結成分が更に切り分けられるのですが, H_2

11.1. 超平面配置とは

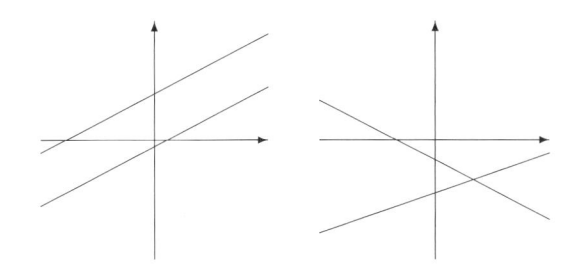

図 11.2: 2本の直線の配置

が H_1 と平行だと一方の連結成分しか切られないので全体で3つの連結成分になりますが，平行でない場合は連結成分が4つできます．連結成分は全てユークリッド空間の凸集合になるので可縮であり，トポロジーの視点からは連結成分の個数だけが本質的な情報になります．

命題 11.1.1. $H_1, \cdots, H_\ell$ を $\mathbb{R}^n$ の中の超平面とすると，その補集合
$$\mathbb{R}^n - \bigcup_{i=1}^{\ell} H_i$$
は可縮な連結成分から成る．

ところが，残念ながら3本になると補集合の連結成分の個数だけでは区別できない場合も出てきます．

そこで，単に連結成分の個数だけでなくそれらの間の関係を考えることが重要になってきます．それを述べるにはポセットの言葉を使うのが便利です．

11. 超平面配置と有向マトロイド

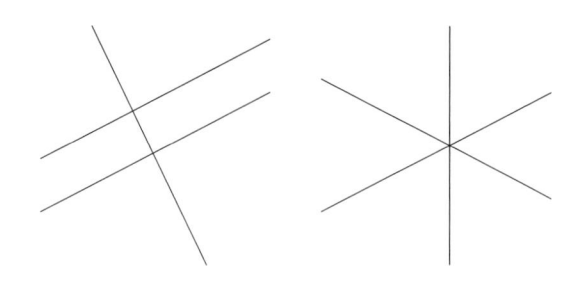

図 11.3: 補集合の連結成分の個数が同じ

定義 11.1.2. $\mathcal{A} = \{H_1, \cdots, H_\ell\}$ を $\mathbb{R}^n$ 内の超平面配置とする。

1. $\mathbb{R}^n - \bigcup_{i=1}^{\ell} H_i$ の連結成分を $\mathcal{A}$ の n 次元面という。

2. 各 j について $H_j - \bigcup_{i=1}^{\ell} H_i \cap H_j$ の連結成分を $\mathcal{A}$ の $(n-1)$ 次元面という。

3. 一般に $H_{j_1} \cap \cdots \cap H_{j_{m+1}}$ が他の超平面により切られてできる連結成分を $\mathcal{A}$ の $(n-m)$ 次元面という。

特に, n 次元面のことを chamber[1]と言う。$\mathcal{A}$ の全ての面のなす集合を $F(\mathcal{A})$ と書く。

実数上の超平面配置 $\mathcal{A}$ を考えるときには, この集合 $F(\mathcal{A})$ の元の間の関係を考えることが基本になります。関係としては, どの chamber とどの chamber がどの面で隣接しているかを考えるのが自然でしょう。そのために前章の凸多面体の面ポセットを倣って $F(\mathcal{A})$ に次のように順序を入れます。

---
[1]facet や tope などと言うことも多いですが。

定義 11.1.3. $F, F' \in F(\mathcal{A})$に対し

$$F \leq F' \implies F \subset \overline{F'}$$

と定義する。

これを $\mathcal{A}$ の**面ポセット**という。

超平面配置の文献では, 凸多面体の場合と同様これとは逆の順序を入れることが多いようですが, ここでは考えやすいように素直な順序を用います。

実ベクトル空間の超平面配置については, この面ポセットが本質的な情報を握っていると言えるでしょう。

11.2 複素ベクトル空間では

実ベクトル空間の超平面配置から面ポセットというポセットが構成できたのは, 実ベクトル空間が超平面で切られて2つの連結成分に分かれたからです。 これは, あまりにも当然なのでちょっと気がつきにくいことですが, 位相空間としての $\mathbb{R}$ の特別な性質を使っています。例えば, 複素数体 $\mathbb{C}$ 上で考えるとどうでしょう。

複素ベクトル空間 V 内に (複素アフィン空間としての) 超平面 $H_1, \ldots, H_\ell$ があったとして, その補集合

$$V - \bigcup_{i=1}^{\ell} H_i$$

を考えます。V が1次元, つまり $V = \mathbb{C}$ のとき, 超平面は複素0次元の部分空間, つまり1点であり, 補集合 $V - \bigcup_{i=1}^{\ell} H_i$ は複素平面

11. 超平面配置と有向マトロイド

$\mathbb{C}$ からいくつかの点を除いたもの, よって S^1 を1点で貼り合わせた空間 $\bigvee_{i=1}^{\ell} S^1$ とホモトピー同値になります。

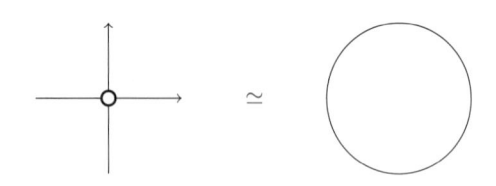

図 11.4: $\mathbb{C} - \{0\} \simeq S^1$

ホモトピー型を考えると, $\bigvee_{i=1}^{\ell} S^1$ は基本群のみで決まるという特別な空間になっていることがわかります。

定義 11.2.1. 位相空間 X が $K(\pi, n)$ 型であるとは, そのホモトピー群が

$$\pi_k(X) \cong \begin{cases} \pi, & k = n \\ 0, & k \neq n \end{cases}$$

であることと定義する。

例 11.2.2. S^1 のホモトピー群は

$$\pi_k(S^1) = \begin{cases} \mathbb{Z}, & i = 1 \\ 0, & i \neq 1 \end{cases}$$

である。よって S^1 は $K(\mathbb{Z}, 1)$ 型のホモトピー型を持つ。より一般に $\bigvee_{i=1}^{\ell} S^1$ は $K(F_n, 1)$ 型のホモトピー型を持つ, ただし F_n は n 個の元で生成された自由群である。 □

11.2. 複素ベクトル空間では

実数の場合よりもずっとトポロジーらしくなってきました。とにかく, このことから $\dim_{\mathbb{C}} V = 1$ のとき, 複素超平面配置の補集合のホモトピー型は基本群 π_1 のみで決まることが分かります。位相空間 X の連結成分の集合は $\pi_0(X)$ で表しますから, 先に述べたことは, 実ベクトル空間での超平面の補集合が $K(\pi, 0)$ 型のホモトピー型を持つ, と言い換えることができます。ということは, 実数の場合の π_0 を π_1 に変えれば複素数の場合が分かりそうな気がします。残念ながら, というより, 幸い話はずっと複雑で, その結果トポロジーの視点からも興味深い問題が色々あります。

まず誰でも分かることとして, $\pi_0(X)$ は単なる集合なのに $\pi_1(X)$ は群であるという違いがあります。よって, $\pi_0(X)$ の場合は元の個数を数えるぐらいしかやることはありませんが, $\pi_1(X)$ を調べるときにはその群構造も含めて考えないといけません。実数の場合には, 連結成分の個数だけでなく, 面ポセットとしてポセットの構造を考えたのですが, 基本群にそのような組み合せ論的な構造を考えるのはそれほど簡単ではありません。そして, 最も興味深い問題として2次元以上のホモトピー群が消えていること, つまり $K(\pi, 1)$ 型のホモトピー型を持つことをどのように示すか, という問題があります。

色々な場合について, 複素超平面配置の補集合が $K(\pi, 1)$ であるということが証明されていますが, $K(\pi, 1)$ にならない場合もあることが知られています。この $K(\pi, 1)$ 問題については, Deligne の [Del72] を始めとして数多くの研究があり, とてもここでは紹

11. 超平面配置と有向マトロイド

介しきれません。そこで残りのページで，実超平面配置の複素化の場合の補集合のホモトピー型がどのように元の実超平面配置から決まるかを記述する Salvetti の結果 [Sal87] を紹介し，それにより実超平面配置の持つ本質的な情報とは何かを考えます。

11.3　実超平面配置の複素化と有向マトロイド

さて，$\mathcal{A} = \{H_1, \cdots, H_\ell\}$ を $\mathbb{R}^n$ 内の実超平面配置とします。話を簡単にするために，全て原点を通る場合，つまり部分ベクトル空間になっている場合を考えます。

このような超平面は法線ベクトルで決まりますから，各超平面 H_i の単位法線ベクトル $\bm{v}_i$ を選んでおきます。$\bm{v}_i$ との内積を取る写像

$$\langle \bm{v}_i, - \rangle : \mathbb{R}^n \longrightarrow \mathbb{R}$$

の零点が H_i です。このように考えたとき H_i が分ける $\mathbb{R}^n$ の半空間はそれぞれ

$$\begin{aligned} H_i^+ &= \{\bm{x} \in \mathbb{R}^n \mid \langle \bm{v}_i, \bm{x} \rangle > 0\} \\ H_i^- &= \{\bm{x} \in \mathbb{R}^n \mid \langle \bm{v}_i, \bm{x} \rangle < 0\} \end{aligned}$$

と表わされます。ここで重要なのは，内積の値ではなくその符号だということです。そこで関数

$$\mathrm{sgn} : \mathbb{R} \longrightarrow \{-1, 0, 1\}$$

11.3. 実超平面配置の複素化と有向マトロイド

を

$$\mathrm{sgn}(x) = \begin{cases} 1, & x > 0 \\ 0, & x = 0 \\ -1, & x < 0 \end{cases}$$

で定義される写像[2]とすると

$$H_i^+ = \{\boldsymbol{x} \in \mathbb{R}^n \mid \mathrm{sgn}\langle \boldsymbol{v}_i, \boldsymbol{x}\rangle = 1\}$$

$$H_i = \{\boldsymbol{x} \in \mathbb{R}^n \mid \mathrm{sgn}\langle \boldsymbol{v}_i, \boldsymbol{x}\rangle = 0\}$$

$$H_i^- = \{\boldsymbol{x} \in \mathbb{R}^n \mid \mathrm{sgn}\langle \boldsymbol{v}_i, \boldsymbol{x}\rangle = -1\}$$

と表わすことができます。

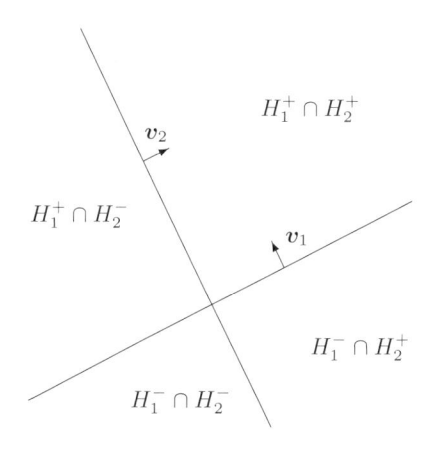

図 11.5: 超平面配置の面

---
[2] トポロジーを勉強してしばらくすると，このような連続でない写像を考えることに抵抗を感じるようになりますが，頭を柔らかくしてこのような写像も受け入れられるようにしておくのは，重要だと思います。

155

11. 超平面配置と有向マトロイド

実超平面配置 $\mathcal{A}$ の面ポセット $F(\mathcal{A})$ の元を決めるということは，各超平面について，そのどちら側かそれとも超平面上か，ということを決めることですから，各法線ベクトル v_i について，$1, 0, -1$ のいづれかの値を決めることと同じです。よって次の Gel'fand と Rybnikov [GR89] の同一視が得られます。

命題 11.3.1. 実超平面配置 $\mathcal{A}$ の各超平面 H_i について単位法線ベクトル v_i を選び，$\mathcal{V} = \{v_1, \cdots, v_\ell\}$ とおく。このとき sgn により定義される写像

$$\mathrm{sgn} : F(\mathcal{A}) \longrightarrow \mathrm{Map}(\mathcal{V}, \{-1, 0, 1\})$$

は単射である。

しかも，この写像は $F(\mathcal{A})$ のポセットの構造を記述するのにも使えます。一般に P がposetのとき，$\mathrm{Map}(X, P)$ は

$$f \leq g \iff \text{全ての } x \in X \text{ に対し } f(x) \leq g(x)$$

と定義することにより，ポセットになることに注意します。

補題 11.3.2. 集合 $\{-1, 0, 1\}$ に

$$-1 > 0 < 1$$

により順序を定める[3]と，写像

$$\mathrm{sgn} : L(\mathcal{A}) \longrightarrow \mathrm{Map}(\mathcal{V}, \{-1, 0, 1\})$$

---

[3]念のために注意しますと，「$-1 > 0$」は誤植ではありません。この「-1」や「0」は単なる記号です。

11.3. 実超平面配置の複素化と有向マトロイド

はポセットの写像 (順序を保つ写像) である。

これで実超平面配置に関する情報が，有限ポセット $\mathrm{Map}(\mathcal{V}, \{-1, 0, 1\})$ に関する情報に翻訳されました。そして $\mathcal{A}$ の補集合の連結成分，つまり chamber の集合も sgn を用いて表わせます。

補題 11.3.3. sgn により $F(\mathcal{A})$ を $\mathrm{Map}(\mathcal{V}, \{-1, 0, 1\})$ の部分集合とみなしたとき，

$$F^{(0)}(\mathcal{A}) = \{\varphi \in F(\mathcal{A}) \mid \text{全ての } i \text{ に対し } \varphi(\bm{v}_i) \neq 0\}$$

と定義し離散位相により位相空間とみなすと，ホモトピー同値

$$\mathbb{R}^n - \bigcup_{i=1}^{\ell} H_i \simeq F^{(0)}(\mathcal{A})$$

を得る。

Salvetti による発見は，以上のプロセスを「複素化」できる，ということです。そのために，まず次の構成が必要です。

定義 11.3.4. 集合 $S_2 = \{0, -1, 1, i, -i\}$ に

$$0 < \pm 1 < \pm i$$

により順序を定義しポセットとみなす。$\varphi, \psi \in \mathrm{Map}(\mathcal{V}, S_2)$ に対し，その**マトロイド積 (matroid product)** $\varphi \circ \psi \in \mathrm{Map}(\mathcal{V}, S_2)$ を

$$(\varphi \circ \psi)(\bm{v}) = \begin{cases} \psi(\bm{v}), & \varphi(\bm{v}) \leq \psi(\bm{v}) \\ \varphi(\bm{v}), & \text{その他} \end{cases}$$

157

11. 超平面配置と有向マトロイド

と定義[4]する。そして $\varphi \in \mathrm{Map}(\mathcal{V}, \{-1, 0, 1\})$ に対し $\varphi \otimes 1, \varphi \otimes i \in \mathrm{Map}(\mathcal{V}, S_2)$ を

$$(\varphi \otimes 1)(\boldsymbol{v}) = \begin{cases} \pm 1 & \varphi(\boldsymbol{v}) = \pm 1 \\ 0 & \varphi(\boldsymbol{v}) = 0 \end{cases}$$

$$(\varphi \otimes i)(\boldsymbol{v}) = \begin{cases} \pm i & \varphi(\boldsymbol{v}) = \pm 1 \\ 0 & \varphi(\boldsymbol{v}) = 0 \end{cases}$$

で定義する。

以上の記号を用いると $\mathcal{A}$ の面ポセット $F(\mathcal{A})$ の複素化が

$$F(\mathcal{A}) \otimes \mathbb{C} = \{(\varphi_1 \otimes 1) \circ (\varphi_2 \otimes i) \mid \varphi_1, \varphi_2 \in F(\mathcal{A})\}$$

として定義されます。Salvetti の発見を以上の記号を用いて述べると，以下のようになります。

定理 11.3.5. $\mathrm{Map}(\mathcal{V}, S_2)$ の部分ポセット $F^{(1)}(\mathcal{A})$ を

$$F^{(1)}(\mathcal{A}) = \{\psi \in F(\mathcal{A}) \otimes \mathbb{C} \mid \text{全ての } i \text{ に対し } \psi(\boldsymbol{v}_i) \neq 0\}$$

と定義するとホモトピー同値

$$\mathbb{C}^n - \bigcup_{i=1}^{\ell} H_i \otimes \mathbb{C} \simeq BF^{(1)}(\mathcal{A})$$

を得る。

---

[4]まぎらわしい記号ですが，写像の合成と混同しないように注意してください。

11.3. 実超平面配置の複素化と有向マトロイド

ここで $BF^{(1)}(\mathcal{A})$ はポセット $F^{(1)}(\mathcal{A})$ を小圏と見なしたものの分類空間, つまりポセットの順序複体[5]です。 $F^{(1)}(\mathcal{A})$ は有限ポセットですから, その分類空間は有限単体的複体になり, **Salvetti 複体 (Salvetti complex)** と呼ばれています。 実超平面配置の複素化の補集合のホモトピー型が Salvetti 複体で表わされることが分かったわけです。

以上の Salvetti 複体の構成をよく見ると, 本質的なのは, ベクトル配置 $\mathcal{V}$ 上の符号関数のなすポセット $\mathrm{Map}(\mathcal{V}, \{-1, 0, 1\})$ の部分ポセットとしての面ポセット $F(\mathcal{A})$, 「複素符号」 $S_2 = \{0, \pm 1, \pm i\}$ による「複素化」, そしてマトロイド積 ∘ です。

これらの構造を抽象化したものが**有向マトロイド (oriented matroid)** と呼ばれるもので, 超平面配置だけでなく, 有向グラフや凸多面体などの様々な組み合せ論的対象に含まれる本質的な構造を記述するのに用いられています。 有向マトロイドの定義はかなり複雑で, 残念ながらここでは正確に述べる余裕はありませんが, 一つの見方として実超平面配置の面ポセットの持つ構造を抽象化したものと思ってもらっても間違いではないでしょう。 有向マトロイドが使われる例も含め, 詳しくは5人組の本 [Bjö+99] を読むとよいでしょう。

また, 本章に書いた内容は, 超平面配置に関するほんの一面にすぎません。 超平面配置に関しては, Orlik と Terao による有名な本 [OT92] があるので, 興味を持った方は是非この本をご覧に

---
[5]定義10.4.2

11. 超平面配置と有向マトロイド

なることをお勧めします。

12 トポロジーと工学

第1章にも書きましたが,近年トポロジーの様々な分野への応用が活発になってきました。第10章の内容もトポロジーの組み合せ論への応用でしたが,ここで考えるのは,数学以外への応用です。そのような応用については,計算機科学との関連で第7章でも述べましたが,そのときは並列処理に現われる構造を抽象化するとモデル圏の構造を持つ,という話でした。本章では,より具体的(現実的?)な話題として,トポロジーと工学の関係についてのGhristの仕事を中心に解説します。

12.1 自律走行ロボットの制御

さて,工学は数学とは比べものにならないぐらい幅広い分野であり,トポロジーと工学の関係と言っても,様々な形があります。第7章で述べた計算機科学との関係も,トポロジーの工学への応用と言えるでしょう。

計算機科学以外では,トポロジーの工学への応用で現在最も活

12. トポロジーと工学

発な研究者の一人は Robert Ghrist といえると思います。計算機科学にモデル圏が使われていることを知ったときも驚きましたが, Ghrist の仕事を知ったときの方が衝撃は強かったように思います。それまで, 工学に使われる数学と言えば, 微積分か線形代数, そして微分方程式ぐらいだろうと思っていたのですが, そのイメージを根底から覆してくれました。まさかホモロジーが「使える」ものだとは思いませんでした。多分, Poincaré も工学の問題に使われるとは想像だにしなかったでしょう。

その数多い Ghrist の仕事の中でも, まず最初は前回の超平面配置とも関係のある, ロボットの motion planning から始めることにします。設定 (問題) は以下の通りです:

> 工場の中で自律走行可能なロボットが複数働いている。ロボット達は, あらかじめ定められた道しか通れないとする。ロボット達の配置を別の配置に変えるときに, ロボット達が互いにぶつからないように移動させるにはどうすればよいか。またその移動の手順を見付けるにはどうすればよいか。

話を簡単にするために, ロボットは点で, 道は平面上のグラフ (1次元単体的複体) とします。最も単純なのは, 道が線分の場合です。ところがこの場合, 図から明らかなように, 2台以上のロボットがあると, ロボットをぶつけずにその配置を変えるのは不可能です。

12.1. 自律走行ロボットの制御

図 12.1: 線分上の2台のロボット

ところが, もし道が Y 字型をしていたらどうでしょう。次の図を見れば明らかなように, ロボットが2台なら, どんな配置も入れかえることができます。1台をちょっと脇に退避しておけばよいわけです。

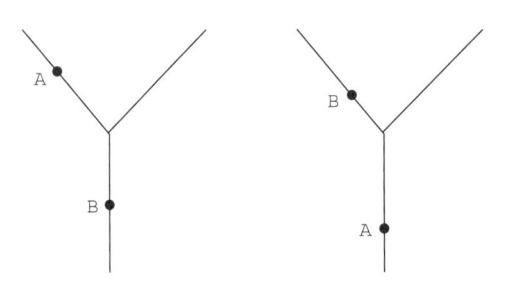

図 12.2: Y字型グラフの上の2台のロボット

このことを数学的に正確に述べるには, 点の配置を元とする空間, いわゆる配置空間を考えるのが良いでしょう。

定義 12.1.1. 位相空間 X に対し n点の**配置空間 (configuration space)** $\mathrm{Conf}_n(X)$ を

$$\mathrm{Conf}_n(X) = \{(x_1,\cdots,x_n) \in X^n \mid x_i \neq x_j \ (i \neq j)\}$$

で定義する。

12. トポロジーと工学

$X = \mathbb{C}$ のとき

$$H_{i,j} = \{(x_1, \cdots, x_n) \in \mathbb{C}^n \mid x_i = x_j\}$$

と超平面 $H_{i,j}$ を定義すると

$$\mathrm{Conf}_n(\mathbb{C}) = \mathbb{C}^n - \bigcup_{i \neq j} H_{i,j}$$

ですから,前章の超平面配置とも関係のある空間です.

さて,平面グラフ Γ に対し $\mathrm{Conf}_n(\Gamma)$ を考えましょう. $\mathrm{Conf}_n(\Gamma)$ の元 $\boldsymbol{x} = (x_1, \cdots, x_n)$ は n 台のロボットが Γ 上に配置されている状態を表わしています.ロボット達を移動させて,この配置 $\boldsymbol{x}$ を別の配置 $\boldsymbol{y}$ に変更するということは,$\mathrm{Conf}_n(\Gamma)$ の中での $\boldsymbol{x}$ から $\boldsymbol{y}$ への連続な道を見つけるということです.

命題 12.1.2. Γ 上の n 台のロボットの配置を自由に入れ替えられるための必要十分条件は,$\mathrm{Conf}_n(\Gamma)$ が弧状連結であることである.

先程の例では,線分 I 上の 2 台のロボットの配置を考えるための配置空間は

$$\begin{aligned}\mathrm{Conf}_2(I) &= I^2 - \{(s,t) \in I^2 \mid s = t\} \\ &= \{(s,t) \mid 0 \leq s < t \leq 1\} \\ &\quad \cup \{(s,t) \mid 0 \leq t < s \leq 1\}\end{aligned}$$

と二つの連結成分に分かれてしまいます.このことから,入れ替えられない配置が存在することが分かります.

12.1. 自律走行ロボットの制御

このように線分の場合は簡単に分かりますが, 一般のグラフではその配置空間はかなり複雑な空間になります。 Ghrist らは, 最初の自明でない場合, つまり Y 字型のグラフ Y 上の 2 台のロボットの場合について, その配置空間を詳しく調べました。

定理 12.1.3 (Ghrist-Koditschek [GK02]). $\mathrm{Conf}_2(Y)$ は $\mathbb{R}^3$ 内に埋め込まれた次の図形と同相である。 特に $\mathrm{Conf}_2(Y)$ は弧状連

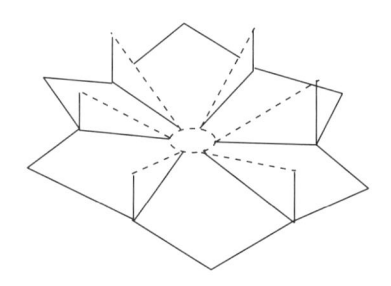

図 12.3: $\mathrm{Conf}_2(Y)$

結である。

この図は, 筆者の図形作成能力不足によりちょっと歪んでいますが, Ghrist の論文にはもっと綺麗な図がありますので, そちらをご覧下さい。 論文は Ghrist のホームページ

```
http://www.math.upenn.edu/~ghrist/
```

の papers のページからダウンロードできます。

12. トポロジーと工学

さて、このように配置空間の形が具体的に分かると、ロボット達の動きを制御するには、この配置空間上でどのような道を辿るかを考えればよいことになります。

第7章で計算機での並列処理のことを書いたときにも、processの scheduling を progress graph の中での道として考えました。そこで考えたように、連続的に変形して同じになる道は本質的に同じものと思うのは自然でしょう。例えば、Y字型グラフ上の2台のロボットの例では、$\mathrm{Conf}_2(Y)$ は S^1 とホモトピー同値

$$\mathrm{Conf}_2(Y) \simeq S^1$$

ですから、2つの配置を変換する手順は本質的には2通り[1]であることも分かります。

Ghrist らは、より一般のグラフについても、このような「本質的な情報」を持つ部分空間が存在することを証明しています。

定理 12.1.4. Γ が valency 3 以上の頂点を v 個持つ有限グラフならば、v 次元以下の単体的複体 K で $|K|$ が $\mathrm{Conf}_n(\Gamma)$ の中に埋め込めるものが存在し、$\mathrm{Conf}_n(\Gamma)$ は $|K|$ に変異レトラクト[2]する。ここでグラフの頂点の valency とは、その頂点に繋がっている辺の数のことである。

このことは、§11.3 で述べた Salvetti の結果ととても良く似ています。Γ を $\mathbb{C}$ に変えて、配置空間の「全ての点が互いに異

---

[1] つまり、円周上のある点から別の点へ時計回りで行くか反時計回りで行くか、です
[2] $\mathrm{Conf}_n(\Gamma)$ を連続的に変形して $|K|$ になるまで潰すことができる、という意味です。

12.1. 自律走行ロボットの制御

なる」という条件を,「超平面配置の超平面達の上に乗っていない」としたのが Salvetti の場合ですが,その中にホモトピー論的に本質的な情報を含む部分空間を構成している点はそっくりです。

これも第 11 章で述べたことですが,超平面配置の場合は,その補集合が基本群以外のホモトピー群が自明かどうか,つまり $K(\pi,1)$ 空間かどうかというのが重要な問題でした。グラフの配置空間についても $K(\pi,1)$ 問題が考えられます。これについても Ghrist は次の結果を得ています。

定義 12.1.5. グラフ Γ に対し,$PB_n(\Gamma) = \pi_1(\mathrm{Conf}_n(\Gamma))$ と $B_n(\Gamma) = \pi_1(\mathrm{Conf}_n(\Gamma)/\Sigma_n)$ とおき,これらを Γ の n 次**純組み紐群** (pure braid group) と n 次**組み紐群** (graph braid group) という。

定理 12.1.6. 有限グラフ Γ に対し $\mathrm{Conf}_n(\Gamma)$ は $K(PB_n(\Gamma), 1)$ である。

これらのグラフの純組み紐群 $PB_n(\Gamma)$ や組み紐群 $B_n(\Gamma)$ がどのような群かというのも興味深い問題であり,その後様々な人が調べています。このように,グラフの配置空間がトポロジーの研究対象としても興味深いものであることが,工学寄りの人の研究から明らかになったことは,驚くべきことではないでしょうか。

12. トポロジーと工学

12.2 センサー・ネットワーク

Ghrist の仕事の中からもう一つ, ホモロジーの応用としてセンサー・ネットワークについて, アメリカ数学会の機関誌 Notices に掲載された記事 [SG07] に基づいて, 残りのページで簡単に述べることにします. 問題設定は次の通りです:

> 平面上の領域に複数のセンサーが配置されているとき, その配置がどの程度有効かを評価する方法を見付けよ. 特に, 領域全体がカバーされているかどうかを判定せよ.

もちろん, センサーの個数が少ない場合は次のように各センサーの有効範囲を描けば, カバーできているかどうかは分かります. 下の図で円とその内部が各センサーのカバーする範囲です.

図 12.4: センサーのカバーする範囲

しかし, 何万個もセンサーがあったときに, ほんの僅かでも抜け落ちているエリアがないかどうかを, 人間が手作業で判定するのは容易ではありません. また, センサーは故障するかもしれな

いので，実際に動いているセンサーがどれであるかも含めて調べなければなりません。自動的に判定してくれる仕組みが必要です。そこでセンサーどうしが互いに相手を認識できるようなシステムを考えます。例えば，各センサーがそれぞれ ID を持ち，その ID を常に周囲に発信しているとします。

正確に議論するために，仮定を明確にしておきましょう。de Silva と Ghrist の考えたのは以下のような状況です[3]:

A0: 平面上のコンパクトな領域 D で境界 ∂D が連結な多角形であるものが与えられている。そして有限個のセンサーが D 上に配置されている。センサーの集合を S とする。

A1: 各センサーはそのセンサーから距離 r_b 未満のセンサーの ID を知っている。

A2: 各センサーは半径 r_c をカバーする。ただし $r_c \geq \frac{r_b}{\sqrt{3}}$ と仮定する。

A3: ∂D 上の全ての頂点にはセンサーが一つづつ配置されている。

A4: 境界上のセンサーは ∂D 上で隣り合う二つのセンサーとの距離が $\frac{r_b}{\sqrt{3}}$ 未満である。

A5: センサー α のカバーする領域 (α を中心とする半径 r_c の円板[4]) を U_α とすると各 $U_\alpha \cap D$ は可縮である。

---
[3]話を簡単にするために, de Silva と Ghrist の仮定より少し強くしてあります。
[4]センサーのカバーする領域には明確な境界がないので，開円板と考えるのが妥当な気がします。

12. トポロジーと工学

記号を簡単にするために

$$U(S) = \left(\bigcup_{\alpha \in S} U_\alpha\right) \cap D = \bigcup_{\alpha \in S} U_\alpha \cap D$$

とおきましょう。問題は

$$U(S) = D \tag{12.1}$$

かどうかということです。今 D は平面内の境界が S^1 と同相な領域ですから、円板と同相、特に可縮になります。境界上のセンサーの集合を S_∂ とすると、仮定 A4 より、

$$\bigcup_{\alpha \in S_\partial} U_\alpha \cap D \supset \partial D$$

となります。もし $U(S) \neq D$ ならば $U(S)$ は D の内部に「穴」を開けた領域ということになり、$U(S)$ は可縮ではなくなります。つまり (12.1) を確かめるためには、$U(S)$ が可縮かどうかを確かめればよいことになります。

このことを考えるために、彼等は $U(S)$ とホモトピー同値になる単体的複体を構成しました。ポイントは、その単体的複体が、センサー達が自分達で自動的に構築できるものである点です。つまり ID による認識を用います。

定義 12.2.1. 上記の仮定の下で、グラフ $\Gamma(S)$ を以下のように定義する: 頂点は S の元とする。二つの頂点の距離が r_b 未満の場合、その二つの頂点を辺で結ぶ。これを S の**ネットワーク・グラフ**という。

12.2. センサー・ネットワーク

定義 12.2.2. グラフ Γ に対し,単体的複体 $R(\Gamma)$ を以下のように定義する: 頂点は Γ の頂点とする。n 単体は,Γ の $n+1$ 個の頂点の組で,互いに辺で結ばれているものとする。これを Γ の **Rips 複体 (Rips complex)** という。

簡単に言えば,$R(\Gamma)$ とは Γ を1次元単体的複体と思って,面 (単体) を貼れるところにできる限り面 (単体) を貼ってできる単体的複体です。

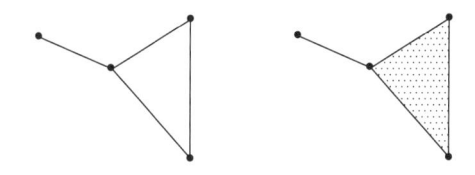

図 12.5: グラフとその Rips 複体

de Silva と Ghrist は A0 から A5 の仮定の下で次のことが成り立つことに気がつきました。

定理 12.2.3. A0 から A5 の仮定の下で,もし 2次の相対ホモロジー群[5] $H_2(R(\Gamma(S)), R(\Gamma(S_\partial)))$ に自明でない元 c があり,境界準同型

$$\partial : H_2(R(\Gamma(S)), R(\Gamma(S_\partial))) \to H_1(R(\Gamma(S_\partial)))$$

により ∂c が自明でないならば,$U(S) = D$ となる。

---

[5]相対ホモロジー群 $H_n(X, A)$ については,第2章では触れませんでしたが,$n > 0$ のときは $H_n(X/A)$ と思ってもらって間違いではありません。ここで X/A は X の中の A を1点に潰してできる空間です。

12. トポロジーと工学

ここで注意するのは $r_c > \frac{r_b}{\sqrt{3}}$ という条件があれば, U_α 達を考えずに, $R(\Gamma(S))$ と $R(\Gamma(S_\partial))$ だけで話が済むということです。そして, グラフ $\Gamma(S)$ は互いのセンサーの距離 (あるいはセンサーどうしの交信) から構成できるということです。

更に, 効率化や信頼性を考えるときにもこの手法が使えます。S の中のどのセンサーを休ませてもよいか, そしてどれかのセンサーが故障したときに, どの休ませているセンサーを起動させればよいか, などです。 また電気代を節約するために, そしてセンサーの寿命を延ばすために, 一定の周期でセンサーを休ませることも考えられます。

さて, 領域全体がカバーされたとして, 次の問題としてどういうことを考えなければならないでしょうか? Ghrist は, 二重カウントの問題を考えています。 領域全体での対象物の個数をセンサーを使って数えたい場合, 二つ以上のセンサーの守備範囲が重なっている場所で, 数えた数をどのように処理するかという問題です。

筆者が Ghrist の講演を聞いたのは, 2007年6月シンガポール国立大学での組み紐群に関する国際会議のときでしたが, 最初に聞いたのが組み紐と微分方程式に関すること, そして次に聞いたのが, このセンサーにより対象物の個数を数えるという問題についての講演でした。

結論から述べますが, Ghrist らのアイデアは Euler 標数を測度 (measure) と考え, それに関する積分を取るというものでした。

12.2. センサー・ネットワーク

Euler 標数を測度と見なすというのはどういうことでしょう？まず位相空間 X の Euler標数 $\chi(X)$ の定義は次のものでした

$$\chi(X) = \sum_{i=0}^{\infty} (-1)^i \dim_{\mathbb{Q}} H_i(X; \mathbb{Q}).$$

もちろん，これは整数の無限和ですから収束しないかもしれません。X のホモロジーがある次数以上で消えているときに定義される[6]ものです。ホモロジーの Mayer-Vietoris 完全列から，Euler 標数は次の性質を持つことが分かります。

命題 12.2.4. 位相空間 X が $X = A \cup B$ と「良い部分集合」の和集合に分解され，$A, B, X, A \cap B$ が全て Euler 標数を持つとき

$$\chi(X) = \chi(A) + \chi(B) - \chi(A \cap B)$$

が成り立つ。

このことから，χ が有限加法性を持ち測度と見なすことができることが分かります。ただし，χ は負の値を持つこともありますから，ちょっと普通の測度とは違いますが，あまり細かいことは気にしないことにしましょう。測度があれば積分です。

定義 12.2.5. $\mathcal{U}$ を X の局所有限な部分集合族で，有限個の共通部分と和集合を取る操作で閉じているものとする。更に，$\mathcal{U}$ の元は全て Euler 標数を持つと仮定する。δ_A を A 上 1 で $X - A$ 上

---

[6]整数の無限和になるときの Euler 標数についての興味深い考察が，Leinster の [Lei08; BL08] にあります。興味のある読者は是非ご覧になることをお勧めします。

173

12. トポロジーと工学

0 である関数とするとき，$f = \sum_{A \in \mathcal{U}} \lambda_A \delta_A$ と表される関数[7] f と $B \in \mathcal{U}$ に対し

$$\int_B f d\chi = \sum_{A \in \mathcal{U}} \lambda_A \chi(A \cap B)$$

と定義する．

Ghrist らは，この「Euler 標数に関する積分」を用いて次のことを証明しました．

定理 12.2.6. ある領域 X 上にセンサーが配置され，またそのセンサーで検知できる有限個の物体が X 上に存在するとする．それの物体の配置を X の離散部分集合 O とみなす．各 $x \in X$ に対し点 x にあるセンサーが検知する物体の数を $h(x)$ とすると，もし各 $a \in O$ を検知できる領域 U_a が可縮ならば O の個数 $|O|$ は次の式で与えられる．

$$|O| = \int_X h d\chi.$$

いかがでしょう？ ロボットの motion planning やセンサー・ネットワークが全体をカバーしているかどうかという問題に関する結果は，初等的な単体的複体の基本群やホモロジーを用いたもので，使われている道具は 1930 年代頃の初期のトポロジーのもの[8]でした． 対象物を数えるという問題で使われた Euler 標数に関する積分は，1980 年代末に Schapira [Sch91] と Viro [Vir88] により独立に考えられたもので，かなり新しいアイデアが使われ

---

[7] このような関数を constructible function といいます．
[8] グラフの配置空間自体は新しい話題ですが．

るようになりました。Euler 標数に関する積分は層 (sheaf) の概念と密接に関係していますが, Ghrist は層も「使える」道具だと言っていました。実際, 最近 arXiv から入手できるようになった, Curry と Ghrist と Robinson による概説 [CGR] では, 層のことも含めて解説されています。

　これから更にどのようなトポロジーの道具が工学で使われていくようになるのか, とても楽しみです。

13 ストリング・トポロジー

　本章のタイトルは，英語で書くと「String Topology」です．ここでの「string」とは物理学の「String Theory」と同じ意味の string ですので，「弦」と翻訳することもできますが，「弦トポロジー」と訳すと語感が気持ち悪いので，ここでは英語のまま，「String Topology」あるいは「ストリング・トポロジー」ということにします．その名の通り，数理物理学に起源を持つ構造である，位相的 (ホモロジー的) 場の理論 (topological field theory[1]) と関係があります．位相的場の理論については次章で簡単に述べることにして，ここでは，多様体上の基点自由なループ空間 (free loop space) のホモロジーが，どのような代数的構造を持つのかについて説明します．紙数の関係で，途中，定義や解説が不十分な用語を用いざるを得なくなることもあるかと思いますが，大体の雰囲気だけでも汲み取ってもらえれば幸いです．

---

[1]正確には, homological conformal field theory というものです．

13. ストリング・トポロジー

13.1 基点自由なループ空間

さて，物理で言う string には open string と closed string がありますが，string topology では，まず closed string について考えられました．

定義 13.1.1. 位相空間 X 上の closed string とは，連続な写像[2]

$$\gamma : S^1 \longrightarrow X$$

のことである．

代数的トポロジーでは，写像空間，特にループ空間については古くから詳しく調べられてきました．第 8 章でオペラッドの起源として述べた多重ループ空間，そして第 9 章でホモトピー結合性に関連して述べたループ空間は，定まった基点を持つループの成す空間でした．

$$\begin{aligned}\Omega X &= \{\gamma : [0,1] \to X \mid \gamma(0) = \gamma(1) = *, 連続\} \\ &= \{\gamma : S^1 \to X \mid \gamma(*) = *, 連続\}\end{aligned}$$

これらをコンパクト開位相で位相空間とみなすのでした．

基点付きループ空間 ΩX の場合は，ループを繋ぐという操作が行えるので ΩX が積

$$\mu : \Omega X \times \Omega X \longrightarrow \Omega X \tag{13.1}$$

---

[2]実際には，可微分多様体上では滑らかなループや，区分的に滑らかなループを考えることが多いのですが，まずは連続なループを考えます．

13.1. 基点自由なループ空間

を持ちます。より一般に, Xの上の2つの (ループとは限らない) 道

$$\ell_1, \ell_2 : [0,1] \longrightarrow X$$

で, 始点と終点が一致 $\ell_1(1) = \ell_2(0)$ するものがあると, これらを繋げた道

$$\ell_1 * \ell_2 : [0,1] \longrightarrow X$$

が定義されます。

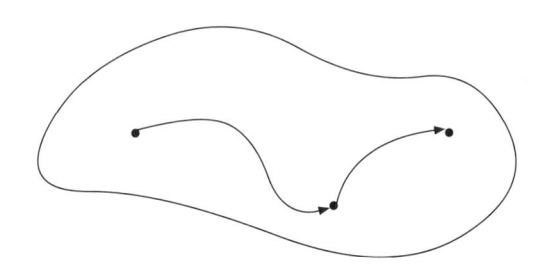

図 13.1: 道を繋ぐ

ΩX の元は, 全て X の基点 $*$ を始点と終点に持つので, 積 (13.1) が定義されます。この積のホモトピー結合性から A_∞ 構造が発見され, 2重以上の多重ループ空間 $\Omega^n X$ の積のホモトピー可換性からオペラッドの概念が発見されたのでした。

また ΩX のホモロジー群 $H_*(\Omega X)$ は積を持ち, 係数環が体のときにはそれにより Hopf 代数 (Hopf algebra) になりますが, こ

13. ストリング・トポロジー

のような連続な積を持つ空間 (Hopf 空間) のホモロジーが Hopf 代数の起源の一つ[3]です。

もちろん, closed string についても, それらを集めて位相空間にすることはできます。

定義 13.1.2. 位相空間 X 上の**自由ループ空間** (free loop space) LX を

$$LX = \mathrm{Map}(S^1, X) = \{\gamma : S^1 \to X \mid 連続\}$$

で定義する。

しかしながら, LX には, 一般には積を定義することはできません。S^1 の基点を決めていないので closed string には始点も終点もないからです。更に, S^1 の基点を決めても, その像が closed string 達で共有されていないので繋ぐことはできません。

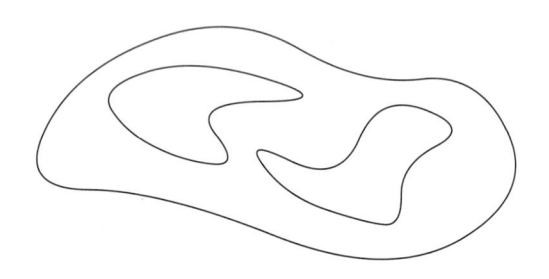

図 13.2: 基点自由なループは繋げない

---
[3]Andruskiewitsch と Santos [AF09]によると, もう一つの起源は Cartier らによる代数群の研究だったようです。

13.1. 基点自由なループ空間

一方で，M が向き付けられた多様体のときには，サイクルの交差によりそのホモロジー群 $H_*(M)$ に交差積 (intersection product) と呼ばれる「積」

$$\cdot : H_q(M) \times H_r(M) \longrightarrow H_{q+r-d}(M)$$

が定義されます。ここで $d = \dim M$ です。正確には Poincaré 双対性

$$D : H_q(M) \xrightarrow{\cong} H^{d-q}(M)$$

とコホモロジーのカップ積 (cup product)

$$\cup : H^q(M) \times H^r(M) \longrightarrow H^{q+r}(M)$$

を用いて

$$a \cdot b = D^{-1}(D(a) \cup D(b))$$

で定義されるものです。

ここで，3つの空間 M, LM, ΩM には次の関係があります。

補題 13.1.3. S^1 の基点を $(1,0)$ とし，

$$\mathrm{ev} : LM \longrightarrow M$$

を点 $(1,0)$ を代入する写像とする。このとき，これはファイブレーション[4]になり，M の点 x 上のファイバーは x を基点とする M 上のループ空間 ΩM である。

---
[4]第 3 章参照。M が多様体ならファイバー束になります。例えば，Stacey の [Sta09] を参照のこと。

つまり

$$\Omega M \longrightarrow LM \xrightarrow{\text{ev}} M \qquad (13.2)$$

というファイブレーションができるということです。そして, M が向き付けられた多様体の場合には, 底空間とファイバーのホモロジーには, それぞれ「積」が定義されています。全く異なる種類の積ですが。Chas と Sullivan の発見は, LM のホモロジー $H_*(LM)$ にこれらを合わせたような「積」が定義できるということでした。これが Chas と Sullivan の **ストリング積 (string product)** です。

定理 13.1.4 (Chas-Sullivan [CS]). M を d 次元の向き付けられた可微分多様体とする。このとき積

$$\circ : H_q(LM) \times H_r(LM) \longrightarrow H_{q+r-d}(LM)$$

で ev から誘導された写像

$$\text{ev}_* : H_*(LM) \longrightarrow H_*(M)$$

が $\circ$ を交差積にうつすものが存在する。

この事実は, $\circ$ が $H_*(M)$ の交差積の拡張になっているということを言っていますが, LM は無限次元の空間ですから, 単純に M の交差積の定義を真似して $\circ$ を定義しようと思ってもうまくいきません。交差積は, Poincaré の「Analysis Situs」にも既に登場する古典的な構成で得られるものですから, LM のような無限次元の空間に適用するには工夫が必要です。Chas と Sullivan

13.1. 基点自由なループ空間

は (13.2) のファイブレーションをうまく使うことを考えました。大まかなアイデアは以下の通りです: LM の i サイクル x と j サイクル y を考えます。写像 ev でうつしてから M のホモロジーの中で交差積を取ることにより M の $(i+j-d)$ サイクル $z = \text{ev}(x) \cdot \text{ev}(y)$ を得ます。

ここで, 話を簡単にするために[5], $d=3$, $i=1$, $j=2$ とします。また x と y がそれぞれ写像

$$\tilde{x} \ : \ S^1 \longrightarrow LM$$
$$\tilde{y} \ : \ S^2 \longrightarrow LM$$

で表わされていたとします。もともとは x や y は特異単体の形式的な一次結合ですから, このような連続写像として考えることはできませんが, x はサイクルですから, $\partial_1 x = 0$ であり, 特異1単体

$$\sigma_i : [0,1] \longrightarrow LM$$

を用いて

$$x = \sum a_i \sigma_i$$

と表わしたときに, σ_i 達の像の端と端を繋いで1次元CW複体からの写像

$$\tilde{x} : K_x \longrightarrow LM$$

---

[5] そして絵を描くために。

を作ることができます。この K_x が S^1 であると仮定するわけです。y についても同様です。すると $\mathrm{ev}\circ\tilde{x}$ の像と $\mathrm{ev}\circ\tilde{y}$ の像の交わりでできる有限個の点[6]の一次結合が z を表します。

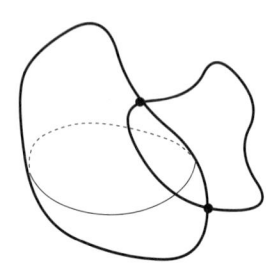

図 13.3: $\tilde{x}(S^1) \cap \tilde{y}(S^2)$

その共通部分の各点 a について,$s \in (\mathrm{ev}\circ\tilde{x})^{-1}(a)$ と $t \in (\mathrm{ev}\circ\tilde{y})^{-1}(a)$ をとると,M の上の 2つのループ

$$\tilde{x}(s) : S^1 \longrightarrow M$$
$$\tilde{y}(t) : S^1 \longrightarrow M$$

ができますが

$$\tilde{x}(s)(0,1) = (\mathrm{ev}\circ\tilde{x})(s) = a = (\mathrm{ev}\circ\tilde{y})(t) = \tilde{y}(t)(0,1)$$

となるので,この 2つのループを繋ぐ

$$\tilde{x}(s) * \tilde{y}(t) : S^1 \longrightarrow M$$

---

[6]もちろん,x や y の取り方によっては像の交わりが有限個の点にならないかもしれませんが,ここでは $\tilde{x}$ と $\tilde{y}$ の像が transversal に交わると仮定します。

ことができます．この操作によってできる LM の0単体の一次結合でできる 0チェインが $x \circ y$ です．

13.2 曲面とストリング積

このような「幾何学的」な記述は，トポロジーの本や論文でよく見うけられるもので，初学者が戸惑うところでもあると思います．第 2 章でも書いたように，Poincaré の記述がまさにこのような感じのものでした． もちろん Chas と Sullivan は，このようなアイデアを説明してから一般的な定義を述べていますが，ここではその定義ではなく，後に R. Cohen らによって発見された空間 (正確には，スペクトラム[7]) レベルの構成を説明します．

ホモロジーの定義が Poincaré による「幾何学的」なものから，Eilenberg による特異鎖複体を用いた代数的なもの，そしてスペクトラムを用いた一般ホモロジーの記述へ，という変遷を遂げてきたことは第 2 章で述べましたが，ストリング積についてもそれと同じことが起りました．実際, R. Cohen と A. Voronov は，その解説 [CV06] の Introduction でストリング・トポロジーがワクワクするものである理由を二つ挙げていますが，その一つは，近代的な代数的トポロジーのほとんどの技術を用い，それを他の数学の分野と結びつけていることである，と言っています．

---

[7]スペクトラムは，第 2 章で出てきたものですが，スペクトラムに不慣れな読者は，空間のようなものだと思ってもらって結構です．特に，そのホモロジー群やホモトピー群が定義されます．

13. ストリング・トポロジー

ストリング積を空間 (スペクトラム) レベルの写像で表現する方法は，何通りかあります．R. Cohen と J.D.S. Jones の LM 上の Thom スペクトラムの積として表す方法 [CJ02] や R. Cohen と Godin の chord diagram を用いたもの [CG04] などです．残りのページで，後者のアプローチのアイデアを説明し，どのように位相的場の理論に繋っていくかを理解してもらうことにします．

出発点は $\mathrm{Map}(8, M)$ です．ここで「8」は8の字型をした空間，つまり S^1 2つを1点でくっつけた空間を表します．写像の定義域を，それぞれの S^1 に制限することにより

$$e : \mathrm{Map}(8, M) \longrightarrow LM \times LM$$

を得ます．また S^1 を 8 に潰す写像を合成することにより

$$\gamma : \mathrm{Map}(8, M) \longrightarrow LM$$

を得ます．もし e がホモロジーに誘導する写像

$$e_* : H_*(\mathrm{Map}(8, M)) \longrightarrow H_*(LM \times LM)$$

を「逆向き」

$$e_! : H_*(LM \times LM) \longrightarrow H_*(\mathrm{Map}(8, M))$$

にできれば，合成

$$\begin{array}{rcl} H_*(LM) \otimes H_*(LM) & \longrightarrow & H_*(LM \times LM) \\ & \stackrel{e_!}{\longrightarrow} & H_*(\mathrm{Map}(8, M)) \\ & \stackrel{\gamma_*}{\longrightarrow} & H_*(LM) \end{array}$$

13.2. 曲面とストリング積

により $H_*(LM)$ に積が定義できます。

もちろん, e_* は一般には同型ではないので逆写像があることは期待できないのですが, 実は, ホモロジーでは連続写像から逆向きの写像ができることがよくあります。そのような写像を, 一般に transfer とか umkehr map などと言いますが, ここではベクトル束の Thom 同型を用いて $e_!$ を作ることを考えます。ヒントは次の有限次元多様体の場合の構成です。

V を可微分多様体とし

$$i : W \hookrightarrow V$$

を埋め込みとします。$i(W)$ の V の中での管状近傍を $N(i)$ とすると, $N(i)$ の補集合を潰す写像

$$V \longrightarrow V/(V - \mathrm{Int} N(i)) = N(i)/\partial N(i)$$

が考えられますが, $N(i)/\partial N(i)$ のホモロジーは W のホモロジーと同型になる

$$\widetilde{H}_q(N(i)/\partial N(i)) \cong H_{q-\dim V + \dim W}(W)$$

ことがよくあります。正確には, i の法束と呼ばれる W 上のベクトル束 $\nu(i)$ があり, $N(i)$ と $\partial N(i)$ は, それぞれファイバー毎に単位球と単位球面を取って得られるファイバー束の全空間 $D(\nu(i))$ と $S(\nu(i))$ と同一視できるのですが, $\nu(i)$ が向き付け可能な場合, Thom 同型と呼ばれる対応により, 同型

$$\widetilde{H}_q(D(N(\nu(i)))/S(N(\nu(i)))) \cong H_{q-\dim V + \dim W}(W)$$

13. ストリング・トポロジー

を得ます。

考えている写像 $e : \mathrm{Map}(8, M) \to LM \times LM$ の定義域も値域も共に無限次元の多様体ですが, Chas と Sullivan はこの写像についても同様のことができることを示しました。

定理 13.2.1. M が向き付け可能な d 次元閉多様体ならば, 同型

$$\widetilde{H}_q(N(e)/\partial N(e)) \cong H_{q-d}(\mathrm{Map}(8, M))$$

がある[8]。

この同型を用いて「逆向き」の写像

$$e_! : H_q(LM \times LM) \longrightarrow H_q(N(e)/\partial N(e))$$
$$\cong H_{q-d}(\mathrm{Map}(8, M))$$

を定義することができます。そしてこれにより定義される $H_*(LM)$ の積がストリング積なのです。

ここで, 第 8 章に登場した, 次の「パンツ[9]型の空間 (pair of pants)」P を考えます。

第 8 章では, 境界の S^1 を入力や出力と考え, この図を 2 つの入力と 1 つの出力を持つ代数的構造と考えました。ストリング積も 2 つの $H_*(LM)$ から 1 つの $H_*(LM)$ を出力する代数的操作です。そして, この「パンツ型の空間」P は, 図 13.5 から分かるように 8 の字型の空間にホモトピー同値です。

---
[8] 正確には管状近傍ではなく Thom スペクトラムを用いるべきですが, 記号を乱用して $N(e)/\partial N(e)$ と書いています。
[9] 英語の pants は日本語ではズボンですが, この形をパンツと呼んでも差し障りはないと思います。

13.2. 曲面とストリング積

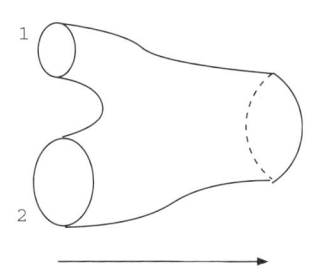

図 13.4: パンツ型の空間

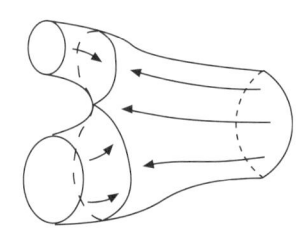

図 13.5: $P \simeq 8$

よって，写像空間もホモトピー同値

$$\mathrm{Map}(P, M) \simeq \mathrm{Map}(8, M)$$

となり，ストリング積は次のような合成と考えられます

$$\begin{aligned}
H_q(LM) \otimes H_r(LM) &\longrightarrow H_{q+r}(LM \times LM) \\
&\xrightarrow{e_!} H_{q+r-d}(\mathrm{Map}(8, M)) \\
&\cong H_{q+r-d}(\mathrm{Map}(P, M)) \\
&\xrightarrow{i_3} H_{q+r-d}(LM).
\end{aligned}$$

189

13. ストリング・トポロジー

第 8 章で述べたように, 曲面の境界の S^1 を入力や出力とみなすことを知っていれば, より一般の曲面 F に対してもストリング積が拡張できないか, つまり F が向き付けられた曲面で, その向きについて

$$\partial F = \coprod^m S^1 \amalg \coprod^n (-S^1) \tag{13.3}$$

となっていたとき, F を m 個の入力と n 個の出力を持つものとみなし, 写像

$$H_*(LM)^{\otimes m} \longrightarrow H_*(LM)^{\otimes n} \tag{13.4}$$

を定義できないかと考えるのは自然な発想です。そしてそのような構成は, R. Cohen と Godin により [CG04] で得られました。そのためには, 一般の曲面に対する 8 の字型の空間に対応するものを考えなければならないので, 残念ながら正確な主張を述べる余裕はありませんが, 向き付けられた曲面 F から (13.4) のような写像が定義されると理解してもらっても大きな間違いではないと思います。

このように, S^1 に対しベクトル空間 V, S^1 の共通部分のない n 個の和に対し $V^{\otimes n}$, そして (13.3) ような曲面 F に対し, 作用素

$$V^{\otimes m} \longrightarrow V^{\otimes n}$$

を対応させる規則を 2 次元の topological field theory と言います。次回は, 代数的トポロジーの視点からこのような topological field theory について現在どのようなことが考えられているかを説明します。

14 高次の圏とホモトピー論

　本書の最後のテーマとして, 位相的場の理論, そしてそのための高次の圏を考えましょう。つい最近 Lurie と Hopkins が発表した枠組み [Lur09b] によると, 位相的場の理論を定式化するためには高次の圏の言葉が不可欠なのですが, 高次の圏自体, 何を定義とするかが議論の的となる代物です。Lurie らは, ホモトピー論の言葉を用いて定義した高次の圏を用いることにより, 位相的場の理論を数学の対象として定式化することを提案しました。

　もちろん, 本章だけでその詳細を説明するのは不可能ですが, これからのトポロジーの進む道, 特にホモトピー論の役割について考えるために最適なテーマだと思い, これを最後に選びました。正確な定義を述べる余裕はないので,「雰囲気」を味わってもらうぐらいになってしまいますが。

14. 高次の圏とホモトピー論

14.1 位相的場の理論

位相的場の理論 (topological field theory または topological quantum field theory) は, Atiyah の80年代末の論文 [Ati88] で公理化された概念です. その定義には多様体の間の関係であるコボルディズム (cobordism) を用います. コボルディズムは, 第2章で少し触れましたが, ここで正確な定義を思い出しておきましょう.

定義 14.1.1. 向きの付いた n 次元の滑らかな閉多様体 Σ_1 と Σ_2 が**コボルダント (cobordant)** であるとは, $(n+1)$ 次元の向きの付いた滑らかな多様体 M で

$$\partial M = (-\Sigma_1) \amalg \Sigma_2$$

となるものが存在することである. このとき

$$\Sigma_1 \sim \Sigma_2$$

と書く. M を Σ_1 から Σ_2 への**コボルディズム**という.

ここで $-$ が付いているのは向きが逆という意味で, この等式は向きも込めて等しいことを意味しています.

第13章のストリング・トポロジーの最後で, 第8章で述べたオペラッドとの類似から, このようなコボルディズムを Σ_1 を入力とし Σ_2 を出力とする「代数的構造」とみなすことができることを述べました. ただし, ストリング・トポロジーのときは Σ_1

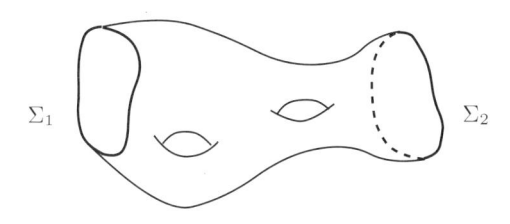

図 14.1: $\Sigma_1 \sim \Sigma_2$

も Σ_2 も両方円周 S^1 のいくつかの和集合に限定していましたが。そこで Σ_1 から Σ_2 にコボルディズム M があるとき

$$M : \Sigma_1 \longrightarrow \Sigma_2$$

と矢印で表わすことにしましょう。矢印と言えば圏です。このようにして多様体からできる圏をコボルディズム圏と言います。

定義 14.1.2. n 次元の滑らかな向きのついた閉多様体を対象, Σ_1 から Σ_2 へのコボルディズムの微分同相類を Σ_1 から Σ_2 への射, コボルディズムを境界で貼り合わせる操作を射の合成[1]としてできる圏を $n+1$ 次元**コボルディズム圏** (cobordism category) といい Bord^{n+1} で表わす。Σ の恒等射は $\Sigma \times [0,1]$ である。

例 14.1.3. $n=1$ のとき, つまり 1 次元の向きのついた閉多様体を考える。そのような多様体は円周 S^1 の共通部分のない有限個の和集合と微分同相であることは良く知られている。よって

---
[1] 注意深い読者の方は気が付いたかもしれませんが, 正確には射の合成には少し注意が必要です。詳細を説明する余裕はありませんが, そのためにコボルディズムそのものでなく, その微分同相類を考えているのです。

14. 高次の圏とホモトピー論

$1+1^2$次元コボルディズム圏の対象の微分同相類は，自然数と1対1に対応する。 □

自然数には加法という演算があります。それに対応するのは，1次元多様体の共通部分の無い和集合 (disjoint union) を取る操作です。第2章で述べたことですが，一般の次元でももちろん同様の操作ができ，境界による関係と合わせて Poincaré のホモロジーのアイデアの中心を成すものでした。圏として考えると，次のような構造になります。

命題 14.1.4. $n+1$ 次元のコボルディズム圏 Bord^{n+1} は disjoint union により対称モノイダル圏になる。

これまでにも，対称モノイダル圏 (symmetric monoidal category) は何度か言葉だけ登場しました。第8章や第9章です。三度目の登場となるので，ここで少しだけ意味を説明しましょう。まず**モノイダル圏** (monoidal category) というのは，大雑把に言えば，2つの対象 X と Y に対し，対象 $X \otimes Y$ を対応させる操作 $\otimes$ を持つ圏のことです。この「積」が結合的で単位元を持つことも要求します。ただし，結合法則は，自然な同型

$$(X \otimes Y) \otimes Z \cong X \otimes (Y \otimes Z)$$

があればよく，ピッタリ等しくなってなくてもかまいません。単位元についても同様です。ただし，それらの同型の間には

---
[2] $1+1=2$ ですが，わざと $1+1$ と書くことが多いようです。

14.1. 位相的場の理論

「coherence condition」と呼ばれる関係があることを要求します。

更に, 2つの対象 X と Y に対し自然な同型

$$\tau : X \otimes Y \cong Y \otimes X$$

があり, 更にこれもある「coherence condition」をみたすとき, これを**対称モノイダル圏**と呼びます。

例 14.1.5. k を可換環とし k-Mod を k 加群の圏とする。このとき k 上のテンソル積 $\otimes_k$ により k-Mod は対称モノイダル圏になる。単位対象は k である。 □

例 14.1.6. コボルディズム圏 Bord^{n+1} は, disjoint union $\Sigma_1 \amalg \Sigma_2$ により対称モノイダル圏になる。単位対象は空集合[3] $\emptyset$ である。 □

2つのモノイダル圏の間の関手を考えるときには, 当然そのモノイダル構造を保つことを要求します。$n+1$ 次元の位相的場の理論とは, 数学的には, コボルディズム圏 Bord^{n+1} 上のそのような関手のことです。その値域は, 対称モノイダル圏ならば何でもよいのですが, 元々は Hilbert 空間の圏のようなもの, 代数的には可換環上の加群の圏や体上のベクトル空間の圏を考えることがほとんどです。

---
[3] つまり, 空集合を任意の次元 n において n 次元多様体とみなすわけです。これは第2章の Poincaré によるホモロジーの定義でも用いました。

14. 高次の圏とホモトピー論

定義 14.1.7. C を対称モノイダル圏とする。C に値を持つ $n+1$ 次元の位相的場の理論とは，モノイダル構造を保つ関手

$$Z : \mathsf{Bord}^{n+1} \longrightarrow C$$

のことである。

C を体 k 上のベクトル空間の成す対称モノイダル圏としましょう。$n+1$ 次元位相的場の理論

$$Z : \mathsf{Bord}^{n+1} \longrightarrow k\text{-}\mathsf{Mod}$$

があるとします。M が $n+1$ 次元多様体の閉多様体のとき，

$$\partial M = \emptyset = \emptyset \amalg \emptyset$$

ですから，これを $\emptyset$ から $\emptyset$ へのコボルディズム

$$M : \emptyset \longrightarrow \emptyset$$

とみなすことができます。Z により k 線形写像

$$Z(M) : Z(\emptyset) \longrightarrow Z(\emptyset)$$

を得ますが，$Z(\emptyset) \cong k$ ですから，これは k から k への k 線形写像，つまりある k の元 $z(M) \in k$ によるスカラー倍で与えられます。よって体 k に値を持つ $n+1$ 次元閉多様体の不変量を得ます。より一般に，M が境界 ∂M を持つときも，M をコボルディズム

$$M : \emptyset \longrightarrow \partial M$$

とみなせば，

$$Z(M): k \cong Z(\emptyset) \longrightarrow Z(\partial M)$$

により，M の不変量 $z(M) = Z(M)(1) \in Z(\partial M)$ を得ます。

数学的には[4]，位相的場の理論はこのように多様体やその間の写像の不変量を含むような構造なので，低次元多様体の研究者などが[5]注目するところとなりました。具体的な例に興味を持った方は，Atiyah の論文を読むのが良いと思います。

14.2 高次の圏による精密化

このような位相的場の理論が多様体の研究に「使える」根拠は，その計算可能性です。多様体の不変量を含むような枠組みがあっても，それが実際の問題に使えなければ意味がありません。複雑なものを調べるときによくやる手は単純なものに分割することですが，幸いコボルディズム圏の定義には多様体の分割に関することも含まれています。

例えば $n+1$ 次元閉多様体 M を n 次元多様体 Σ に沿って切って

$$M = M_2 \cup_\Sigma M_1$$

と分割したとしましょう。

---

[4]残念ながら，物理学的な素養のない筆者には，どうしてこのようなものを場の理論と呼ぶのかは説明できません。
[5]Witten の影響が大きいですが。

14. 高次の圏とホモトピー論

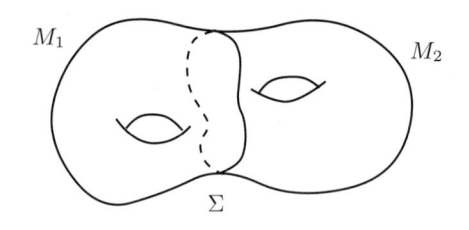

図 14.2: $M = M_2 \cup_\Sigma M_1$

このとき，コボルディズム圏で

$$M_1 \ : \ \emptyset \longrightarrow \Sigma$$
$$M_2 \ : \ \Sigma \longrightarrow \emptyset$$

と考えると，

$$M : \emptyset \longrightarrow \emptyset$$

は M_1 と M_2 の合成で表わされるということです．よって 3つの線形写像

$$Z(M_1) \ : \ k \longrightarrow Z(\Sigma)$$
$$Z(M_2) \ : \ Z(\Sigma) \longrightarrow k$$
$$Z(M) \ : \ k \longrightarrow k$$

の間に

$$Z(M) = Z(M_2) \circ Z(M_1)$$

という関係があります．ここで M_2 の向きを逆にすると

$$Z(-M_2) : k \longrightarrow Z(-\Sigma)$$

が得られますが, $Z(-\Sigma)$ は $Z(\Sigma)$ の双対線形空間になることが分かり, $Z(-M_2)$ は $Z(M_2)$ の双対をとってできる写像となります。 よって多様体の不変量については

$$\begin{aligned}z(M)=Z(M)(1) &= Z(M_2)(Z(M_1)(1))\\ &= \langle z(-M_2), z(M_1)\rangle\end{aligned}$$

と Kronecker 積の関係にあることが分かります。

ここで更に M_1 や M_2 を分割したい場合はどうすればよいでしょう。 図 14.2 は $1+1$ 次元の場合ですが, このような場合は, 図 14.3 のようにうまく分割すれば常に「パンツ」と「帽子」に分割できることが分かります。

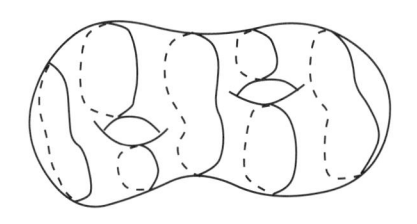

図 14.3: パンツと帽子への分解

しかしながら, Lurie と Hopkins が指摘しているように, 次元の高い多様体を考えるときには, このような単純な分解だけでは話がすまないのです。 つまり図 14.4 のような分解も必要になります。

例えば, 単体分割がこのような分解の例です。ここで, 分解の

14. 高次の圏とホモトピー論

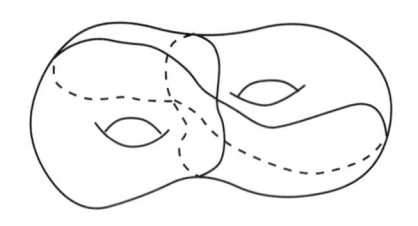

図 14.4: 角を持つ分解

結果できたパーツは，境界付きの多様体ではなく「角」を持つ多様体 (manifold with corners) になっていることに注意します。ページ数の関係で，角を持つ多様体の定義は読者の方々想像におまかせする[6]ことにします。問題は，$n+1$次元の角を持つ多様体全体がどのような構造を持つかです。古典的な位相的場の理論では，$n+1$次元多様体とその境界が対称モノイダル圏になることに着目し，それをベクトル空間の成す圏と比較しました。角を持つ多様体とその角達全体はどのような構造を持つ圏となり，それをどのような代数的対象と比較するかが問題なのです。

例として図 14.4 を考えると，まず角として 0次元多様体が 2つあり，それらを境界とする 1次元多様体が 4つあります。そして，更にそれらを境界とする 2次元の角を持つ多様体が 4つあります。このとき，各1次元多様体はその境界の0次元多様体の間の Bord^{0+1} での射を与えています。そして角を持つ 2次元多様体は，それらの射の間のコボルディズム，つまり射の間の射を与え

---

[6]正確な定義を知りたい方のために，文献として M.W. Davis の [Dav83], Laures の [Lau00], Joyce の [Joy12] を挙げておきます。

14.2. 高次の圏による精密化

ています。このような構造を 2-category あるいは bicategory と呼びます。正確な定義を述べる余裕はない[7]のですが、対象と射 (1-morphism という) と「射の間の射」(2-morphism) から成り、1-morphism や 2-morphism の間の合成が定義されるものです。結合法則や恒等射に関する条件を緩くしたものが bicategory です。例を見た方が分かりやすいでしょう。

例 14.2.1. 圏の成す圏 **Categories** を考える。圏を対象とし、関手を射として通常の圏となるが、更に関手の間には自然変換がある。自然変換を 2-morphism とすると、これは 2-category になる。 □

例 14.2.2. X を位相空間とする。X の点を対象とし、X の中の連続な道を射とすると、これは圏にはならない。3つの道を繋げる操作は結合法則をみたさない

$$(\ell_1 * \ell_2) * \ell_3 \neq \ell_1 * (\ell_2 * \ell_3)$$

からである。しかし、基本群を勉強したことがある人なら誰でも知っているように、ホモトピー

$$(\ell_1 * \ell_2) * \ell_3 \simeq \ell_1 * (\ell_2 * \ell_3)$$

がある。そこで連続な道を 1-morphism, 道の間の端点を止めたホモトピーのホモトピー類を 2-morphism とすると、これは bicategory になる。 □

---
[7]勉強するなら、Leinster の [Lei] がお勧めです。

14. 高次の圏とホモトピー論

一般に,角を持つ d 次元多様体 M の境界は,$d-1$ 次元の角を持つ多様体を境界で貼り合わせたものになります.

$$\partial M = M_1 \cup \cdots \cup M_k$$

そして,各 M_i の境界が更に低い次元の角を持つ多様体を貼り合せたものになり,最後に 1 次元の境界を持つ多様体を 0 次元多様体で貼り合わせたものが得られます. 逆に考えて,Bord^{n+1} の定義を次のように改良します.

定義 14.2.3. d 次元のコボルディズム圏 Bord^d を次のように定義する. 対象は 0 次元の多様体である. 1-morphism を 0 次元多様体の間のコボルディズム, 2-morphism をそれらの間のコボルディズム, ..., d-morphism を $(d-1)$-morphism の間のコボルディズムの微分同相類とする.

ここで,最後の段階だけ「微分同相類」をとるという操作を行ないましたが,より精密化するためには,このような同値類を考えるのではなく同値関係を morphism とみなすべき,というのは古くから知られていることです.実際, Lurie と Hopkins は,更に次のような改良版を考えています.

定義 14.2.4. コボルディズム (∞, d)-category $\mathsf{Bord}^{\infty, d}$ を次のように定義する.対象は 0 次元の多様体である. 1-morphism を 0 次元多様体の間のコボルディズム, 2-morphism をそれらの間のコボルディズム, ..., d-morphism を $(d-1)$-morphism の間のコ

14.2. 高次の圏による精密化

ボルディズムとする。更に, $(d+1)$-morphism を d-morphism の間の微分同相写像, $(d+2)$-morphism を $(d+1)$-morphism の間の isotopy, $(d+3)$-morphism を isotopy の間の isotopy, ⋯, とする。

このように, 高次の圏は隠されている情報を記述するのに非常に有効な言葉を提供してくれます。位相的場の理論の定義域の圏をこのように精密化できたら, 次は値域も同様の高次の圏にすべきでしょう。つまりベクトル空間の圏の高次化が必要になります。そしてそのような高次化はホモロジー代数の高次化であり, 代数幾何学などで differential graded category が用いられるようになったこととも関係していて, 非常に興味深い研究テーマです。

ところが, このような場面で現れる, 各 n に対し n-morphism を持つような「∞圏」の定義を正確に述べるのは容易ではありません。上記の位相空間上の道とそのホモトピーの成す bicategory のように, 結合法則や恒等射に関する条件が = では成り立たず, 同型でしか成り立たないからです。その同型を与える高次の morphism の間にどのような coherence condition が成り立つかを述べないと定義にならないため, ∞圏を定義するのは難しいのです。

14. 高次の圏とホモトピー論

14.3 ホモトピー論の役割

Lurie は, そのような ∞圏を考える際に, ホモトピー論で古くから用いられてきた単体的手法を用いるとよいことに気がつきました。現在そのような ∞圏, 正確には (∞, 1)圏のモデルとして, 次のようなもの[8]があり, それらはモデル圏[9]として同値であることが証明されています:

- quasicategory (weak Kan complex)

- complete Segal space

- Segal category

- simplicial category

そしてこれらは全て単体的手法で定義されたものであり, ホモトピー論で50年代から Kan を中心に研究されてきたことが本質的かつ有効に使われています。Lurie の本 [Lur09a] では, この他に topological category が同等なモデルとして提案されています。また, Kan は最近 Barwick と共に [BK12] relative category というモデルを提案していますが, それらもホモトピー論に基づいたモデルです。

第 1 章で,「トポロジーとは何か」を読者への本書を通しての宿題としたいと書きましたが, 本章はその課題に対する筆者なりの答えとも言えるかもしれません。

---

[8]これらについては, Bergner の解説 [Ber10] を見るとよいでしょう。
[9]第 6 章参照。

14.3. ホモトピー論の役割

　自然数から出発し，様々な数の概念の拡張が行なわれたのが数学の発展の第一段階だとすると，集合や写像が使われるようになったのが第二段階だと言えるでしょう。Crane により提唱され Khovanov により普及した categorification という言葉を使うと，自然数の cateogrification として (有限) 集合を考えるようになった

$$\text{有限集合} \xrightarrow{\text{濃度}} \mathbb{N} \cup \{0\}$$

ということです。集合の集まりとその間の写像が持つ構造は無意識のうちに使われてきましたが，それを圏として定義したのが Eilenberg と Mac Lane でした。そして，数学を記述するための言語としての圏と関手の重要性が Grothendieck などにより指摘され，それらが普通に使われるようになった現在の数学が第三段階です。

　ここから更に先に進むために必要になるのは，当然高次の圏ですが，本章で述べた Hopkins と Lurie によるアプローチは，そのような高次の圏を扱うための言語として，モデル圏やオペラッドを始めとして，単体的手法も含めた，ホモトピー論で発見および開発されてきた道具が基本的なものとなっていくことを示唆しています。

　つまり，今後の数学の発展の第四段階において，基本的な記述言語になるのはホモトピー論ではないかと思いながら，本書を書いてきたわけです。

14. 高次の圏とホモトピー論

読者のみなさんはどのようにお感じになったでしょうか。

Loose End

 とりとめもなく思いついた話題を連載に書いてきたので, それらを単行本としてまとめるにあたり何か締め括りの文章を, と思ったのですが, どうもうまくまとめる言葉が見付かりませんでした。 逆に, 連載で書き切れなかったいくつかの話題が頭に浮かんできましたので, それらについて簡単に触れて本書を終りにしたいと思います。

- 離散モース理論

  まずは, 具体的な話題から書きましょう。 最初は離散モース理論 (discrete Morse theory) です。これは, Forman [For95; For98] により提唱されたモース理論の変種です。

  通常のモース理論は, 可微分多様体上の関数やベクトル場を扱いますが, 離散モース理論では, 単体的複体やCW複体, 更にはポセットや鎖複体を扱います。モース関数に対応するものは, ポセットのHasse 図 (Hasse diagram) の上の partial matching という対応です。

Loose End

全てポセットの言葉で表せ，また鎖複体にも使えるので，組み合せ論を始めとして，代数学も含めた様々な分野で注目されて使われています。組み合せ論的データに直せるので計算機にかけられ，いわゆる計算トポロジー (computational topology) でも使われています。

- Persistent Homology

計算トポロジーとは聞き慣れない言葉かもしれませんが，第12章で述べたセンサー・ネットワークもその一部と考えられます。典型的なのは，画像データなどの複雑なデータから単体的複体を構成し，そのホモロジーを計算機で計算させることにより，画像認識などに応用する，といった話題です。

そのために開発された道具が，persistent homology というものです。定義2.3.3のホモロジーの公理にもあるように，ホモロジーはホモトピー同値なものを区別できないので，画像認識のように形を区別したいときにはちょっと工夫が必要です。Edelsbrunner ら [ELZ02] のアイデアは，図形そのものではなく，パラメータで図形を変形[10]させていったときのホモロジーの変化の様子をみる，というものでした。

詳しくは，Ghrist の解説 [Ghr08] や Carlsson の解説 [Car09] を読んでもらうのがよいと思いますが，とにかく，ホモロジ

---

[10]例えば，少しづつ膨らませるなど。

ーを図形の形を調べるのに使おうというのは，驚くべき発想だと思います。

2012年現在，応用トポロジーや計算トポロジーでは，最も活発に使われている道具と言えるでしょう。2012年7月に Edinburgh で開催された応用トポロジーと計算トポロジーの国際会議に出席したのですが，persistent homology を使っていない講演を探すのが難しい程でした。

・ 代数幾何学の拡張

Grothendieck 以降，代数幾何学における基本的な構成要素は affine scheme だと思うのですが，affine scheme の圏は可換環の圏で射の向きを逆にしたものと同一視できます。よって可換環の一般化があれば，代数幾何学の真似事ができるはず[11]です。

では，可換環とは何でしょうか？ 一つの答えは，アーベル群の成す対称モノイダル圏での可換モノイド (commutative monoid object) です。つまり，良い対称モノイダル圏があれば，代数幾何学の類似ができそうだ，ということです。更に，その対称モノイダル圏がモデル圏の構造も持っている[12]と，もっと良いことができそうです。

---
[11]一般の scheme は affine scheme を貼り合せたものですが，それは functor of points という考え方で，圏論的にできます。
[12]モノイダル構造とモデル構造がうまい関係にあるとき，それをモノイダルモデル圏 (monoidal model category) と言います。

Loose End

例えば, この視点から, §14.3 で書いた Lurie の $(\infty, 1)$ 圏を用いた既存の数学の拡張を用いて, 導来代数幾何学 (derived algebraic geometry) という代数幾何学の一般化を構築することができます。Lurie や Toën らにより書かれた何百ページもの論文を読むのは大変ですが, 幸い Ben-Zvi と Nadler の [BN] の Appendix に簡潔にまとめられているので, それを読めば「雰囲気だけ」は理解することができます。

現在, モデル圏や simplicial object などのホモトピー論の道具が最も活発に使われているのは, この分野だと思います。

- ホモロジー代数の拡張

上記の代数幾何学の拡張は, 可換環論の拡張と考えることもできます。そのような視点から見ると, 代数的トポロジーに登場する対称モノイダルモデル圏の中で最も基本的なのは, スペクトラムの圏でしょう。スペクトラムの圏を対称モノイダル圏にすることは, スペクトラムの概念が導入されて以来, 長年の懸案でしたが, 20世紀の終わりにいくつかの方法 [Elm+97; HSS00; MM02] で解決されました。

このおかげで, スペクトラムの圏のモノイドとして環スペクトラム (ring spectrum) を扱うことができるようになり, また, Shipley の結果 [Shi07] により, 通常のホモロジー代数が環スペクトラム上のホモトピー代数と (モデル圏の視点から

は) みなせることが分かりました。

実際, 様々な代数的な概念や構成がスペクトラムの圏に導入されています。従来多元環 (algebra) に対して定義されていた Hochschild homology, cyclic homology, そして André-Quillen homology などの構成が, 環スペクトラムへ一般化されています。また Galois 理論のスペクトラム版が Rognes [Roga; Rogb; Rog08] などにより考えられています。

・ 非可換幾何学

代数的トポロジーと代数的構造の関係として, もう一つ重要なものがあります。作用素環 (operator algebra) との関係です。

K理論は, 元々 Grothendieck が代数幾何学の文脈で導入したものですが, Atiyah と Hirzebruch によりベクトル束を用いた定義に翻訳され, 代数的トポロジーに輸入されました。ところが, コンパクト Hausdorff 空間 X に対しその複素数値関数環 $C(X)$ を対応させる関手が, コンパクト Hausdorff 空間の圏と可換な単位元を持つ C^*環 (C^*-algebra) の圏の同値を与える[13]こと, そしてコンパクト Hausdorff 空間 X 上の有限次元ベクトル束の圏と $C(X)$ 上

---

[13]反変関手による同値なので, 射の向きが逆になります。 Gel'fand-Naimark duality と呼ばれます。

Loose End

の有限階数射影加群の圏が同値になる[14]ことから, K 理論の定義が C^* 環に一般化されました。

そこで, 可換とは限らない C^* 環を「非可換空間」と考え, 微分幾何学やトポロジーの非可換版を考えようという動きが興りました。その中心となっているのは Connes です。上記の cyclic homology も非可換幾何学の文脈で Connes が考えたものですが, 他にも様々なホモロジー代数的道具が使われています。そして, 最近では, ホモトピー代数的道具も使われています。例えば, Meyer と Nest の [MN06] では, 三角圏 (triangulated category) が登場しますし, 最近の Uuye の仕事 [Uuy] では, モデル圏に近い構造も考えられています。

- **そして1元数体 $\mathbb{F}_1$**

その非可換幾何学と数論との関係を発見したのは, やはり Connes [Con99] でした。そして, Consani と Marcolli との共著 [CCM07] でモチーフ (motive) の理論[15]との関係を発見しています。

そのような流れで最近登場したのが, 1元数体 $\mathbb{F}_1$ です。もっとも, Soulé [Sou04] によると, 1元数体自体は様々な数学者が昔から夢想していた概念のようです。古くは, Tits の 1957年の論文 [Tit57] があります。

---

[14] Serre-Swan duality と呼ばれます。
[15] モチーフは, Grothendieck が提唱した代数多様体を扱うための枠組みです。

Loose End

代数学の授業で扱う最小の体は $\mathbb{F}_2$ です。ところが, 1 元数体を扱った文献には $\mathbb{F}_1$ だけでなく, その拡大体 $\mathbb{F}_{1^n}$ も登場します。もちろん, これらは通常の意味の体として定義されているわけではありません。その上のベクトル空間の圏や代数多様体あるいは scheme の圏が定義されるだけなのです。

例えば,「$\mathbb{F}_1$ 上の有限次元ベクトル空間」は基点付きの有限集合と定義します。すると, その自己同型群は基点以外の元の個数が n 個なら n 次対称群 Σ_n となります。一方, 通常の体上のベクトル空間 V の自己同型群は $\mathrm{GL}(V)$ です。つまり $\mathbb{F}_1$ が存在すると仮定すると, 対称群と一般線形群が統一して扱えるわけです。そして, 複素数体上の一般線形群の分類空間が K 理論を表現するように, 対称群の分類空間は球面の安定ホモトピー群と深く関係しています。これは一体何を意味しているのでしょうか?

$\mathbb{F}_1$ の研究が進み, 球面のホモトピー群と数論の直接的な関係が分かると, とても面白いと思います。

Kontsevich の仕事など, まだまだ興味深い話題は尽きません。でも, きりがないのでこの辺にしておきます。ただ, これからもどんどん新しいアイデアが登場し, トポロジーの世界が広がっていくことは確かです。新しい話題については, 随時下記の「文献ガイド」のページに掲載していきますので, 興味のある方は時々覗いてみて下さい:

Loose End

http://pantodon.shinshu-u.ac.jp/topology/literature/

本書を読んで何か感じたこと, 考えたことがあれば, 送っていただければ幸いです。

参考文献

[AF09] Nicolás Andruskiewitsch and Walter Ferrer Santos. "The beginnings of the theory of Hopf algebras". In: Acta Appl. Math. 108.1 (2009), pp. 3–17. arXiv: 0901.2460. url: http://dx.doi.org/10.1007/s10440-008-9393-1.

[Ati61] M. F. Atiyah. "Bordism and cobordism". In: Proc. Cambridge Philos. Soc. 57 (1961), pp. 200–208.

[Ati88] Michael Atiyah. "Topological quantum field theories". In: Inst. Hautes Études Sci. Publ. Math. 68 (1988), 175–186 (1989). url: http://www.numdam.org/item?id=PMIHES_1988__68__175_0.

[BD04] Alexander Beilinson and Vladimir Drinfeld. Chiral algebras. Vol. 51. American Mathematical Society Colloquium Publications. Providence, RI: American Mathematical Society, 2004, p. vi 375. isbn: 0-8218-3528-9.

[BD82] Paul Baum and Ronald G. Douglas. "K homology and index theory". In: Operator algebras and applications, Part I (Kingston, Ont., 1980). Vol. 38. Proc. Sympos. Pure Math. Providence, R.I.: Amer. Math. Soc., 1982, pp. 117–173.

参考文献

[Ber10] Julia E. Bergner. "A survey of $(\infty, 1)$-categories". In: Towards higher categories. Vol. 152. IMA Vol. Math. Appl. New York: Springer, 2010, pp. 69–83. arXiv: `math/0610239`. url: `http://dx.doi.org/10.1007/978-1-4419-1524-5_2`.

[Bjö+99] Anders Björner et al. Oriented matroids. Second. Vol. 46. Encyclopedia of Mathematics and its Applications. Cambridge: Cambridge University Press, 1999, pp. xii+548. isbn: 0-521-77750-X. url: `http://dx.doi.org/10.1017/CBO9780511586507`.

[BK07] Eric Babson and Dmitry N. Kozlov. "Proof of the Lovász conjecture". In: Ann. of Math. (2) 165.3 (2007), pp. 965–1007. arXiv: `math/0402395`. url: `http://dx.doi.org/10.4007/annals.2007.165.965`.

[BK12] C. Barwick and D. M. Kan. "Relative categories: another model for the homotopy theory of homotopy theories". In: Indag. Math. (N.S.) 23.1-2 (2012), pp. 42–68. arXiv: `1011.1691`. url: `http://dx.doi.org/10.1016/j.indag.2011.10.002`.

[BK72] A. K. Bousfield and D. M. Kan. Homotopy limits, completions and localizations. Lecture Notes in Mathematics, Vol. 304. Berlin: Springer-Verlag, 1972, pp. v+348.

[BL08] Clemens Berger and Tom Leinster. "The Euler characteristic of a category as the sum of a divergent series". In: Homology, Homotopy Appl. 10.1 (2008), pp. 41–51. arXiv: `0707.0835`. url: `http://projecteuclid.org/getRecord?id=euclid.hha/1201127513`.

[BN] David Ben-Zvi and David Nadler. Loop Spaces and Langlands Parameters. arXiv: `0706.0322`.

参考文献

[BP02]　　Victor M. Buchstaber and Taras E. Panov. Torus actions and their applications in topology and combinatorics. Vol. 24. University Lecture Series. Providence, RI: American Mathematical Society, 2002, pp. viii+144. isbn: 0-8218-3186-0.

[Car09]　　Gunnar Carlsson. "Topology and data". In: Bull. Amer. Math. Soc. (N.S.) 46.2 (2009), pp. 255–308. url: http://dx.doi.org/10.1090/S0273-0979-09-01249-X.

[CCM07]　Alain Connes, Caterina Consani, and Matilde Marcolli. "Noncommutative geometry and motives: the thermodynamics of endomotives". In: Adv. Math. 214.2 (2007), pp. 761–831. arXiv: math/0512138. url: http://dx.doi.org/10.1016/j.aim.2007.03.006.

[CG04]　　Ralph L. Cohen and Véronique Godin. "A polarized view of string topology". In: Topology, geometry and quantum field theory. Vol. 308. London Math. Soc. Lecture Note Ser. Cambridge: Cambridge Univ. Press, 2004, pp. 127–154. arXiv: math/0303003. url: http://dx.doi.org/10.1017/CBO9780511526398.008.

[CGR]　　 Justin Curry, Robert Ghrist, and Michael Robinson. Euler Calculus with Applications to Signals and Sensing. arXiv: 1202.0275.

[CJ02]　　 Ralph L. Cohen and John D. S. Jones. "A homotopy theoretic realization of string topology". In: Math. Ann. 324.4 (2002), pp. 773–798. arXiv: math/0107187. url: http://dx.doi.org/10.1007/s00208-002-0362-0.

[Con99]　 Alain Connes. "Trace formula in noncommutative geometry and the zeros of the Riemann zeta function". In: Selecta Math. (N.S.) 5.1 (1999), pp. 29–106. arXiv:

参考文献

math/9811068. url: http://dx.doi.org/10.1007/s000290050042.

[CS] Moira Chas and Dennis Sullivan. String Topology. arXiv: math/9911159.

[CV06] Ralph L. Cohen and Alexander A. Voronov. "Notes on string topology". In: String topology and cyclic homology. Adv. Courses Math. CRM Barcelona. Basel: Birkhäuser, 2006, pp. 1–95. arXiv: math/0503625.

[Dav83] Michael W. Davis. "Groups generated by reflections and aspherical manifolds not covered by Euclidean space". In: Ann. of Math. (2) 117.2 (1983), pp. 293–324. url: http://dx.doi.org/10.2307/2007079.

[Del72] Pierre Deligne. "Les immeubles des groupes de tresses généralisés". In: Invent. Math. 17 (1972), pp. 273–302.

[DH01] William G. Dwyer and Hans-Werner Henn. Homotopy theoretic methods in group cohomology. Advanced Courses in Mathematics—CRM Barcelona. Basel: Birkhäuser Verlag, 2001, p. x 98. isbn: 3-7643-6605-2.

[Die89] Jean Dieudonné. A history of algebraic and differential topology. 1900–1960. Boston, MA: Birkhäuser Boston Inc., 1989, pp. xxii+648. isbn: 0-8176-3388-X.

[Elm+97] A. D. Elmendorf et al. Rings, modules, and algebras in stable homotopy theory. Vol. 47. Mathematical Surveys and Monographs. With an appendix by M. Cole. Providence, RI: American Mathematical Society, 1997, pp. xii+249. isbn: 0-8218-0638-6.

[ELZ02] Herbert Edelsbrunner, David Letscher, and Afra Zomorodian. "Topological persistence and simplification". In: Discrete Comput. Geom. 28.4 (2002). Discrete and computational geometry and graph drawing (Columbia, SC,

参考文献

2001), pp. 511–533. url: http://dx.doi.org/10.1007/s00454-002-2885-2.

[ES52]   Samuel Eilenberg and Norman Steenrod. Foundations of algebraic topology. Princeton, New Jersey: Princeton University Press, 1952, p. xv 328.

[For95]   Robin Forman. "A discrete Morse theory for cell complexes". In: Geometry, topology, & physics. Conf. Proc. Lecture Notes Geom. Topology, IV. Int. Press, Cambridge, MA, 1995, pp. 112–125.

[For98]   Robin Forman. "Morse theory for cell complexes". In: Adv. Math. 134.1 (1998), pp. 90–145. url: http://dx.doi.org/10.1006/aima.1997.1650.

[Fri12]   Greg Friedman. "Survey article: an elementary illustrated introduction to simplicial sets". In: Rocky Mountain J. Math. 42.2 (2012), pp. 353–423. arXiv: 0809.4221. url: http://dx.doi.org/10.1216/RMJ-2012-42-2-353.

[Fuk93]   Kenji Fukaya. "Morse homotopy, A_∞-category, and Floer homologies". In: Proceedings of GARC Workshop on Geometry and Topology '93 (Seoul, 1993). Vol. 18. Lecture Notes Ser. Seoul: Seoul Nat. Univ., 1993, pp. 1–102.

[Gar07]   Grigory Garkusha. "Homotopy theory of associative rings". In: Adv. Math. 213.2 (2007), pp. 553–599. arXiv: math/0608482. url: http://dx.doi.org/10.1016/j.aim.2006.12.013.

[Gau03]   Philippe Gaucher. "A model category for the homotopy theory of concurrency". In: Homology Homotopy Appl. 5.1 (2003), pp. 549–599. arXiv: math/0308054. url: http://projecteuclid.org/getRecord?id=euclid.hha/1139839943.

参考文献

[Ghr08] Robert Ghrist. "Barcodes: the persistent topology of data". In: Bull. Amer. Math. Soc. (N.S.) 45.1 (2008), pp. 61–75. url: http://dx.doi.org/10.1090/S0273-0979-07-01191-3.

[GK02] Robert W. Ghrist and Daniel E. Koditschek. "Safe cooperative robot dynamics on graphs". In: SIAM J. Control Optim. 40.5 (2002), 1556–1575 (electronic).

[GK94] Victor Ginzburg and Mikhail Kapranov. "Koszul duality for operads". In: Duke Math. J. 76.1 (1994). Erratum in Duke Math. J. 80, no. 1, 293, pp. 203–272. arXiv: 0709.1228. url: http://dx.doi.org/10.1215/S0012-7094-94-07608-4.

[Goo03] Thomas G. Goodwillie. "Calculus. III. Taylor series". In: Geom. Topol. 7 (2003), 645–711 (electronic). url: http://dx.doi.org/10.2140/gt.2003.7.645.

[Goo90] Thomas G. Goodwillie. "Calculus. I. The first derivative of pseudoisotopy theory". In: K-Theory 4.1 (1990), pp. 1–27. url: http://dx.doi.org/10.1007/BF00534191.

[Goo92] Thomas G. Goodwillie. "Calculus. II. Analytic functors". In: K-Theory 5.4 (1991/92), pp. 295–332. url: http://dx.doi.org/10.1007/BF00535644.

[Gou03] Eric Goubault. "Some geometric perspectives in concurrency theory". In: Homology Homotopy Appl. 5.2 (2003). Algebraic topological methods in computer science (Stanford, CA, 2001), pp. 95–136. url: http://projecteuclid.org/getRecord?id=euclid.hha/1088453323.

[GR89] I. M. Gel′fand and G. L. Rybnikov. "Algebraic and topological invariants of oriented matroids". In: Dokl. Akad. Nauk SSSR 307.4 (1989), pp. 791–795.

参考文献

[Gun94] Jeremy Gunawardena. "Homotopy and Concurrency". In: Bulletin of the EATCS 54 (1994), pp. 184–193.

[Hin97] Vladimir Hinich. "Homological algebra of homotopy algebras". In: Comm. Algebra 25.10 (1997), pp. 3291–3323. arXiv: q-alg/9702015. url: http://dx.doi.org/10.1080/00927879708826055.

[Hoy08] Matias L. del Hoyo. "On the subdivision of small categories". In: Topology Appl. 155.11 (2008), pp. 1189–1200. arXiv: 0707.1718. url: http://dx.doi.org/10.1016/j.topol.2008.02.006.

[HSS00] Mark Hovey, Brooke Shipley, and Jeff Smith. "Symmetric spectra". In: J. Amer. Math. Soc. 13.1 (2000), pp. 149–208. url: http://dx.doi.org/10.1090/S0894-0347-99-00320-3.

[Hus94] Dale Husemoller. Fibre bundles. Third. Vol. 20. Graduate Texts in Mathematics. New York: Springer-Verlag, 1994, pp. xx+353. isbn: 0-387-94087-1.

[Jak98] Martin Jakob. "A bordism-type description of homology". In: Manuscripta Math. 96.1 (1998), pp. 67–80. url: http://dx.doi.org/10.1007/s002290050054.

[Jon] Vaughan F. R. Jones. Planar algebras, I. arXiv: math/9909027.

[Jon08] Jakob Jonsson. Simplicial complexes of graphs. Vol. 1928. Lecture Notes in Mathematics. Berlin: Springer-Verlag, 2008, pp. xiv+378. isbn: 978-3-540-75858-7. url: http://dx.doi.org/10.1007/978-3-540-75859-4.

[Joy12] Dominic Joyce. "On manifolds with corners". In: Advances in geometric analysis. Vol. 21. Adv. Lect. Math. (ALM). Int. Press, Somerville, MA, 2012, pp. 225–258. arXiv: 0910.3518.

参考文献

[Kel01] Bernhard Keller. "Introduction to A-infinity algebras and modules". In: Homology Homotopy Appl. 3.1 (2001), 1–35 (electronic). arXiv: `math/9910179`.

[Kho00] Mikhail Khovanov. "A categorification of the Jones polynomial". In: Duke Math. J. 101.3 (2000), pp. 359–426. arXiv: `math/9908171`. url: `http://dx.doi.org/10.1215/S0012-7094-00-10131-7`.

[Kon95] Maxim Kontsevich. "Homological algebra of mirror symmetry". In: Proceedings of the International Congress of Mathematicians, Vol. 1, 2 (Zürich, 1994). Basel: Birkhäuser, 1995, pp. 120–139. arXiv: `alg-geom/9411018`.

[Koz08] Dmitry Kozlov. Combinatorial algebraic topology. Vol. 21. Algorithms and Computation in Mathematics. Berlin: Springer, 2008, pp. xx+389. isbn: 978-3-540-71961-8. url: `http://dx.doi.org/10.1007/978-3-540-71962-5`.

[Lam69] Joachim Lambek. "Deductive systems and categories. II. Standard constructions and closed categories". In: Category Theory, Homology Theory and their Applications, I (Battelle Institute Conference, Seattle, Wash., 1968, Vol. One). Berlin: Springer, 1969, pp. 76–122.

[Lár03] Finnur Lárusson. "Excision for simplicial sheaves on the Stein site and Gromov's Oka principle". In: Internat. J. Math. 14.2 (2003), pp. 191–209. arXiv: `math/0101103`. url: `http://dx.doi.org/10.1142/S0129167X03001727`.

[Lár04] Finnur Lárusson. "Model structures and the Oka principle". In: J. Pure Appl. Algebra 192.1-3 (2004), pp. 203–223. arXiv: `math/0303355`. url: `http://dx.doi.org/10.1016/j.jpaa.2004.02.005`.

参考文献

[Lau00]   Gerd Laures. "On cobordism of manifolds with corners". In: Trans. Amer. Math. Soc. 352.12 (2000), 5667–5688 (electronic). url: `http://dx.doi.org/10.1090/S0002-9947-00-02676-3`.

[Lei]   Tom Leinster. Basic Bicategories. arXiv: `math/9810017`.

[Lei08]   Tom Leinster. "The Euler characteristic of a category". In: Doc. Math. 13 (2008), pp. 21–49. arXiv: `math/0610260`.

[Lov78]   L. Lovász. "Kneser's conjecture, chromatic number, and homotopy". In: J. Combin. Theory Ser. A 25.3 (1978), pp. 319–324. url: `http://dx.doi.org/10.1016/0097-3165(78)90022-5`.

[LSV97]   Jean-Louis Loday, James D. Stasheff, and Alexander A. Voronov, eds. Operads: Proceedings of Renaissance Conferences. Vol. 202. Contemporary Mathematics. Papers from the Special Session on Moduli Spaces, Operads and Representation Theory held at the AMS Meeting in Hartford, CT, March 4–5, 1995, and from the Conference on Operads and Homotopy Algebra held in Luminy, May 29–June 2, 1995. Providence, RI: American Mathematical Society, 1997, pp. x+443. isbn: 0-8218-0513-4. url: `http://dx.doi.org/10.1090/conm/202`.

[Lur09a]   Jacob Lurie. Higher topos theory. Vol. 170. Annals of Mathematics Studies. Princeton, NJ: Princeton University Press, 2009, pp. xviii+925. isbn: 978-0-691-14049-0; 0-691-14049-9.

[Lur09b]   Jacob Lurie. "On the classification of topological field theories". In: Current developments in mathematics, 2008. Int. Press, Somerville, MA, 2009, pp. 129–280. arXiv: `0905.0465`.

参考文献

[Mac98]   Saunders Mac Lane. Categories for the working mathematician. Second. Vol. 5. Graduate Texts in Mathematics. New York: Springer-Verlag, 1998, pp. xii+314. isbn: 0-387-98403-8.

[Mat03]   Jiří Matoušek. Using the Borsuk-Ulam theorem. Universitext. Lectures on topological methods in combinatorics and geometry, Written in cooperation with Anders Björner and Günter M. Ziegler. Berlin: Springer-Verlag, 2003, pp. xii+196. isbn: 3-540-00362-2.

[May72]   J. P. May. The geometry of iterated loop spaces. Lectures Notes in Mathematics, Vol. 271. Berlin: Springer-Verlag, 1972, pp. viii+175.

[Mil56]   John Milnor. "Construction of universal bundles. I, II". In: Ann. of Math. (2) 63 (1956), pp. 272–284, 430–436.

[Mil67]   R. James Milgram. "The bar construction and abelian H-spaces". In: Illinois J. Math. 11 (1967), pp. 242–250.

[MM02]   M. A. Mandell and J. P. May. "Equivariant orthogonal spectra and S-modules". In: Mem. Amer. Math. Soc. 159.755 (2002), pp. x+108.

[MN06]   Ralf Meyer and Ryszard Nest. "The Baum-Connes conjecture via localisation of categories". In: Topology 45.2 (2006), pp. 209–259. arXiv: `math/0312292`. url: `http://dx.doi.org/10.1016/j.top.2005.07.001`.

[MS06]   J. P. May and J. Sigurdsson. Parametrized homotopy theory. Vol. 132. Mathematical Surveys and Monographs. Providence, RI: American Mathematical Society, 2006, pp. x+441. isbn: 978-0-8218-3922-5; 0-8218-3922-5.

参考文献

[MW07] Ieke Moerdijk and Ittay Weiss. "Dendroidal sets". In: Algebr. Geom. Topol. 7 (2007), pp. 1441–1470. arXiv: math/0701293. url: http://dx.doi.org/10.2140/agt.2007.7.1441.

[NK09] Hirokazu Nishimura and Susumu Kuroda, eds. A lost mathematician, Takeo Nakasawa. The forgotten father of matroid theory. Basel: Birkhäuser Verlag, 2009, pp. xii +234. isbn: 978-3-7643-8572-9. url: http://dx.doi.org/10.1007/978-3-7643-8573-6.

[OT92] Peter Orlik and Hiroaki Terao. Arrangements of hyperplanes. Vol. 300. Grundlehren der Mathematischen Wissenschaften [Fundamental Principles of Mathematical Sciences]. Berlin: Springer-Verlag, 1992, p. xviii 325. isbn: 3-540-55259-6.

[Pera] Grisha Perelman. Finite extinction time for the solutions to the Ricci flow on certain three-manifolds. arXiv: math/0307245.

[Perb] Grisha Perelman. Ricci flow with surgery on three-manifolds. arXiv: math/0303109.

[Perc] Grisha Perelman. The entropy formula for the Ricci flow and its geometric applications. arXiv: math/0211159.

[Poi96] Henri Poincaré. Œuvres. Tome VI. Les Grands Classiques Gauthier-Villars. [Gauthier-Villars Great Classics]. Géométrie. Analysis situs (topologie). [Geometry. Analysis situs (topology)], Reprint of the 1953 edition. Sceaux: Éditions Jacques Gabay, 1996, pp. v+541. isbn: 2-87647-176-0.

[Qui67] Daniel G. Quillen. Homotopical algebra. Lecture Notes in Mathematics, No. 43. Berlin: Springer-Verlag, 1967, iv 156 pp. (not consecutively paged).

参考文献

[Qui68]   Daniel G. Quillen. "The geometric realization of a Kan fibration is a Serre fibration". In: Proc. Amer. Math. Soc. 19 (1968), pp. 1499–1500.

[Qui70]   Daniel Quillen. "On the (co-) homology of commutative rings". In: Applications of Categorical Algebra (Proc. Sympos. Pure Math., Vol. XVII, New York, 1968). Providence, R.I.: Amer. Math. Soc., 1970, pp. 65–87.

[Qui73]   Daniel Quillen. "Higher algebraic K-theory. I". In: Algebraic K-theory, I: Higher K-theories (Proc. Conf., Battelle Memorial Inst., Seattle, Wash., 1972). Berlin: Springer, 1973, 85–147. Lecture Notes in Math., Vol. 341.

[Qui78]   Daniel Quillen. "Homotopy properties of the poset of nontrivial p-subgroups of a group". In: Adv. in Math. 28.2 (1978), pp. 101–128. url: http://dx.doi.org/10.1016/0001-8708(78)90058-0.

[Roga]   John Rognes. Galois extensions of structured ring spectra. arXiv: math/0502183.

[Rogb]   John Rognes. Stably dualizable groups. arXiv: math/0502184.

[Rog08]   John Rognes. "Galois extensions of structured ring spectra. Stably dualizable groups". In: Mem. Amer. Math. Soc. 192.898 (2008), pp. viii+137.

[Rol90]   Dale Rolfsen. Knots and links. Vol. 7. Mathematics Lecture Series. Corrected reprint of the 1976 original. Houston, TX: Publish or Perish Inc., 1990, pp. xiv+439. isbn: 0-914098-16-0.

[Sal87]   M. Salvetti. "Topology of the complement of real hyperplanes in $\mathbb{C}^N$". In: Invent. Math. 88.3 (1987), pp. 603–618. url: http://dx.doi.org/10.1007/BF01391833.

参考文献

[Sch91] Pierre Schapira. "Operations on constructible functions". In: J. Pure Appl. Algebra 72.1 (1991), pp. 83–93. url: http://dx.doi.org/10.1016/0022-4049(91)90131-K.

[Seg68] Graeme Segal. "Classifying spaces and spectral sequences". In: Inst. Hautes Études Sci. Publ. Math. 34 (1968), pp. 105–112.

[Ser51] Jean-Pierre Serre. "Homologie singulière des espaces fibrés. Applications". In: Ann. of Math. (2) 54 (1951), pp. 425–505.

[SG07] Vin de Silva and Robert Ghrist. "Homological sensor networks". In: Notices Amer. Math. Soc. 54.1 (2007), pp. 10–17.

[Shi07] Brooke Shipley. "$H\mathbb{Z}$-algebra spectra are differential graded algebras". In: Amer. J. Math. 129.2 (2007), pp. 351–379. arXiv: math/0209215. url: http://dx.doi.org/10.1353/ajm.2007.0014.

[Sou04] Christophe Soulé. "Les variétés sur le corps à un élément". In: Mosc. Math. J. 4.1 (2004), pp. 217–244, 312. arXiv: math/0304444.

[Sta09] Andrew Stacey. "Constructing smooth manifolds of loop spaces". In: Proc. Lond. Math. Soc. (3) 99.1 (2009), pp. 195–216. arXiv: math/0612096. url: http://dx.doi.org/10.1112/plms/pdn058.

[Sta63] James Dillon Stasheff. "Homotopy associativity of H-spaces. I, II". In: Trans. Amer. Math. Soc. 108 (1963), 275-292; ibid. 108 (1963), pp. 293–312.

[Ste51] Norman Steenrod. The Topology of Fibre Bundles. Princeton Mathematical Series, vol. 14. Princeton, N. J.: Princeton University Press, 1951, pp. viii+224.

参考文献

[Str72] Arne Strøm. "The homotopy category is a homotopy category". In: Arch. Math. (Basel) 23 (1972), pp. 435–441.

[Tit57] J. Tits. "Sur les analogues algébriques des groupes semi-simples complexes". In: Colloque d'algèbre supérieure, tenu à Bruxelles du 19 au 22 décembre 1956. Centre Belge de Recherches Mathématiques. Établissements Ceuterick, Louvain, 1957, pp. 261–289.

[Uuy] Otgonbayar Uuye. Homotopy Theory for C^*-algebras. arXiv: 1011.2926.

[Vir88] O. Ya. Viro. "Some integral calculus based on Euler characteristic". In: Topology and geometry—Rohlin Seminar. Vol. 1346. Lecture Notes in Math. Springer, Berlin, 1988, pp. 127–138. url: http://dx.doi.org/10.1007/BFb0082775.

[Voe98] Vladimir Voevodsky. "A^1-homotopy theory". In: Proceedings of the International Congress of Mathematicians, Vol. I (Berlin, 1998). Extra Vol. I. 1998, 579–604 (electronic).

[WZŽ99] Volkmar Welker, Günter M. Ziegler, and Rade T. Živaljević. "Homotopy colimits—comparison lemmas for combinatorial applications". In: J. Reine Angew. Math. 509 (1999), pp. 117–149. url: http://dx.doi.org/10.1515/crll.1999.035.

[加藤十78] 加藤十吉. トポロジー. Vol. 11. サイエンスライブラリ 理工系の数学. 東京: サイエンス社, 1978.

[河玉08] 河野明 and 玉木大. 一般コホモロジー. 東京: 岩波書店, 2008, p. 246.

[村杉邦82] 村杉邦男. 組み紐の幾何学 – 実用から位相幾何の世界へ –. Vol. B-500. ブルーバックス. 講談社, 1982. isbn: 4-06-118100-9.

索引

($\infty, 1$)-category, 5
($\infty, 1$)圏, 5, 201
1-morphism, 198
2-category, 198
2-morphism, 198
A_∞-algebra, 120
A_∞-category, 127
K-homology, 28
K-theory, 25
Kホモロジー, 28
K理論, 25
$K(\pi, 1)$ 空間, 153, 166
L_∞-algebra, 127
∞圏, 201
n-connected, 49
n連結, 49
1元数体, 210

abstract simplicial complex, 52
algebraic K-theory, 58
Andruskiewitsch, 178
André-Quillen homology, 208

Araki, 104
associahedron, 125
associated bundle, 36
Atiyah, 25, 190

Babson, 4
Barwick, 202
Baum, 28
Beilinson, 116
Bergner, 201
bicategory, 198
Björner, 4, 144
Boardman, 104
Borel construction, 71
Borel 構成, 71
Borsuk-Ulam, 144
boundary operator, 24
Bousfield, 70

calculus of functors, 29, 61
Carlsson, 90, 206
Cartier, 178

索引

categorification, 9, 13, 202
chain, 22
chain complex, 5
chain homotopy, 5
chain homotopy equivalence, 84
Chas, 180
chromatic number, 139
classifying space, 4, 41, 57
cobordant, 25, 190
cobordism, 25, 190
cobordism category, 191
cobordism group, 25
cofibration, 26, 77
Cohen, R., 183
colimit, 66
colored operad, 116
complete graph, 139
complete Segal space, 201
computational topology, 206
concurrency, 89
configuration space, 8, 163
conformal field theory, 128
Connes, 209
constructible function, 173
contractible, 39
convex polytope, 133
covering homotopy property, 37
covering hoomotopy property, 42

Crane, 202
cup product, 179
Curry, 174
CW複体, 38
cycle, 22
cyclic homology, 208

D-brane, 28
Davis, M.W., 198
de Silva, 171
deadlock, 91
del Hoyo, 143
Deligne, 128, 153
Deligne 予想, 128
dendroidal set, 116
derived algebraic geometry, 207
Dieudonné, ii, 21, 27
differential graded category, 201
differentialgraded algebra, 120
dihomotopy, 99
Dijkstra, 91
directed homotopy, 99
discrete Morse theory, 145, 205
Douglas, 28
Drinfel'd, 116
Dwyer, 70
Dyer, 104

Edelsbrunner, 206
edge, 136
Eilenberg, 23, 24, 31, 62, 183, 202

索引

Euler, 11, 143
Euler characteristic, 12
Euler 標数, 12, 172
exact sequence, 41

face, 52
face poset, 135, 142, 151
factorization system, 79
Feynman diagram, 132
fiber, 33
fiber bundle, 31
fibration, 28
Forman, 205
free loop space, 175, 178
Friedman, 21
Fukaya, 127
functor of points, 207

Garkusha, 86
Gaucher, 6, 99
Gel′fand, 156
generalized cohomology theory, 26
generalized homology theory, 26
genus, 17
geometric realization, 53, 83
Ghrist, 8, 161, 171, 206
Ginzburg, 127
Godin, 183
Goodwillie, 28, 63
Goubault, 99

graph, 12
graph braid group, 167
graph complex, 132
graph homomorphism, 137
Grothendieck, 6, 25, 56, 202, 207
Gunawardena, 6, 89

Hasse diagram, 205
Hasse 図, 205
Hinich, 118
Hirzebruch, 25
Hochschild homology, 208
Hom complex, 137
homological mirror symmetry, 127
homologous, 19
homology, 15
homotopical algebra, 5, 118
homotopy, 4
homotopy algebra, 117, 118
homotopy colimit, 69
homotopy fiber, 65
homotopy group, 41
homotopy limit, 70
homotopy pullback, 70
homotopy pushout, 69
homotopy quotient, 71
homotopy set, 27, 39
Hopf algebra, 177
Hopf space, 126

231

索引

Hopf 代数, 177
Hopf 空間, 126, 178
Hopkins, 189
horizontal categorification, 127
Hurewicz, 41
Hurewicz fibration, 43
Hurewicz ファイブレーション, 43
Husemoller, 33
hyperplane arrangement, 133, 147

injective model structure, 85
internal vertex, 123
intersection product, 179

Jakob, 28
join, 49
Jones, J.D.S., 183
Jones, V., 128
Jonsson, 141
Joyce, 198

Kan, 70, 202
Kan fibration, 83
Kan ファイブレーション, 83
Kapranov, 128
Keller, 118
Khovanov, 13, 202
Klein bottle, 20
Kontsevich, 127
Koszul dual, 128

Kozlov, 4, 144
Kudo, 104

Lambek, 116
Lashof, 104
Laures, 198
leaf, 123
left lifting property, 78
Leinster, 172, 198
limit, 66
little cube, 108
longitude, 20
loop space, 7
Lovász, 140, 143
Lovász 予想, 144
Lurie, 5, 189, 201
Lárusson, 6, 86

Mac Lane, 31, 62, 65, 202
manifold, 16
manifold with corners, 198
many-objectification, 127
Markl, 128
Matousek, 144
matroid, 134, 147
matroid product, 157
May, 7, 103
measure, 172
meridian, 20
Milgram, 40, 54, 71, 133
Milnor, 40, 48
model category, 5

索引

model structure, 80
Moerdijk, 116
monoid object, 207
monoidal category, 192
monoidal model category, 207
multicategory, 116
Möbius band, 32
Möbius の帯, 32

neighborhood complex, 140
Noether, 21
normal bundle, 32

Oka principle, 86
operad, 6, 103
order complex, 4, 142
ordered simplicial complex, 53
oriented matroid, 134, 147, 159
Orlik, 159

pair of pants, 186
paracompact, 37
partial matching, 205
partially ordered set, 4
Perelman, 3
permutohedron, 133
persistent homology, 206
planar algebra, 128
planar rooted tree, 7, 123
Poincaré, ii, 15, 32, 61, 98, 162, 183
Poincaré 予想, 3

Poincaré 双対性, 179
poset, 4
principal bundle, 32, 35
progress graph, 93
projective model structure, 85
Pronk, 116
pseudotensor category, 116
pullback, 37, 66
pure braid group, 167
pushout, 66

quasi-isomorphism, 84
quasicategory, 201
Quillen, 5, 44, 56, 58, 75, 81
quiver, 100

reduced homology theory, 26
relative category, 202
right lifting property, 78
Rips complex, 170
Rips 複体, 170
Robinson, 174
Rognes, 208
Rolfsen, 17
root, 123
rooted tree, 7, 123
Rybnikov, 156

Salvetti, 153, 157, 166
Salvetti complex, 159
Salvetti複体, 159
Santos, 178

233

索引

scheduling, 91
Schönflies, 17
Segal, 56
Segal category, 201
Segal 予想, 90
sensor network, 167
Serre, 41, 144
Serre fibration, 43
Serre ファイブレーション, 43
sheaf, 174
simplex, 52
simplicial category, 202
simplicial decomposition, 21
simplicial set, 24, 82
singular simplex, 23
small category, 4
spectral sequence, 44, 144
spectrum, 27
sphere, 16
Stasheff, 121
Stasheff 多面体, 125
Steenrod, 24, 32, 33
string product, 180
string topology, 175
structure group, 35
Strøm, 81
Sullivan, 180
symmetric monoidal category, 113, 192

tangent bundle, 32

Terao, 159
Thom, 25
Thom スペクトラム, 183
Thom 同型, 185
Tits, 210
topological category, 101, 202
topological field theory, 175
topological quantum field theory, 190
topological quiver, 100
torus, 16
Toën, 207
transaction, 91
transfer, 185
tree, 7, 123
triangulated category, 209
two phase locking, 96

umkehr map, 185
universal bundle, 40

vector bundle, 25
vertex, 136
vertex operator algebra, 128
Voevodsky, 6
Vogt, 104
Voronov, 183

weak equivalence, 80
weak factorization system, 79
weak Kan complex, 201
Weiss, 116

索引

Whitney, 147
Witten, 13, 195

Ziegler, 4, 144

オペラッド, 6, 103
カップ積, 179
クラインの壺, 20
グラフ, 11, 131, 136
グラフ準同型, 137
コファイブレーション, 26, 44, 77
コボルダント, 25, 190
コボルディズム, 25, 190
コボルディズム圏, 191
コボルディズム群, 25
サイクル, 22
ジョイン, 49
ストリング・トポロジー, 175
ストリング積, 180
スペクトラム, 27, 73, 183
スペクトル系列, 44, 144
センサー・ネットワーク, 167
チェイン, 22
チェインホモトピー同値, 84
チェイン・ホモトピー, 5
トポロジー観, ii, 9
トーラス, 16
パラコンパクト, 37
パンツ型の空間, 186
ファイバー, 33
ファイバー束, 31

ファイブレーション, 28, 43
プッシュアウト, 66
プルバック, 37, 66
プロセス, 91
ベクトル束, 25
ホモトピー, 4
ホモトピー・ファイバー, 65
ホモトピー・プッシュアウト, 69
ホモトピー・プルバック, 70
ホモトピー代数, 5, 118
ホモトピー余極限, 69
ホモトピー公理, 26
ホモトピー商空間, 71
ホモトピー極限, 59, 65, 70
ホモトピー的代数, 117, 118
ホモトピー群, 41, 48
ホモトピー論, 4
ホモトピー集合, 27, 39
ホモロガス, 19
ホモロジー, 15
ホモロジーの公理, 24
ポセット, 4
マトロイド, 134, 147
マトロイド積, 157
メリディアン, 20
モデル圏, 5, 28, 75
モデル構造, 80
モノイダルモデル圏, 207
モノイダル圏, 192
モノイド, 207

235

索引

モース理論, 205
ループ空間, 7, 104, 176
ロンジチュード, 20

一般コホモロジー論, 26
一般ホモロジー論, 26
三角圏, 209
並列処理, 89
中澤武雄, 147
主ファイバー束, 32
主束, 35
交差積, 179
代数的 K 理論, 58
位相圏, 101
位相的場の理論, 175, 190, 193
余極限, 66

凸多面体, 131
分解系, 79
分類空間, 4, 41, 47, 57, 116
加法性公理, 26
単体, 52
単体分割, 21
単体的集合, 24, 82
単射的モデル構造, 85
可縮, 39
右リフト性, 78
同伴束, 36
圏化, 9, 13
基点自由なループ空間, 175
境界作用素, 23, 24
多様体, 16

完全グラフ, 139
完全列, 41
完全性公理, 26
対称モノイダル圏, 113, 119, 192
射影的モデル構造, 85
導来代数幾何学, 207
小圏, 4, 56
小立方体, 108, 133
層, 174
左リフト性, 78
平面根つき木, 7, 123
幾何学的実現, 53, 83
弱分解系, 79
弱同値, 80
彩色数, 139
微分, 63

懸垂公理, 26
抽象単体的複体, 52
接束, 32
普遍束, 40
有向グラフ, 100
有向マトロイド, 134, 147, 159
木, 7, 123
根, 123
根つき木, 7
極限, 66
構造群, 35
法束, 32
測度, 172

索引

特異単体, 23
球面, 16
種数, 16
簡約ホモロジー論, 26
純組み紐群, 167
組み合せ論, 3, 131
組み紐, i, 10
組み紐群, 167

自由ループ空間, 178
葉, 123
被覆ホモトピー性質, 37, 42
複素多様体, 86
角を持つ多様体, 198
計算トポロジー, 206
超平面配置, 133, 147
辺, 136

配置空間, 8, 163
重心細分, 143
鎖複体, 5
関手の微積分, 29, 61
離散モース理論, 145, 205
面, 52
面ポセット, 142, 151
頂点, 136
順序付き単体的複体, 53
順序複体, 4, 142
高次の圏, 189

著者紹介

玉木 大 (たまき・だい)

1964年8月伊勢で生まれる。
1989年3月京都大学で修士号を受けた後，米国ロチェスター大学に留学。
1993年2月ロチェスター大学で学位取得。
1993年4月から信州大学で教鞭をとり，現在に至る。

広がりゆくトポロジーの世界
―言語としてのホモトピー論―

2012年11月10日　初版1刷発行
2014年7月31日　〃　2刷発行

著　者　　玉木　大
発行者　　富田　淳
発行所　　株式会社　現代数学社
〒606-8425　京都市左京区鹿ヶ谷西寺ノ前町1
TEL 075 (751) 0727　FAX 075 (744) 0906
http://www.gensu.co.jp/

検印省略

ⓒ Dai Tamaki, 2012
Printed in Japan

印刷・製本　　亜細亜印刷株式会社

ISBN978-4-7687-0408-0　　　落丁・乱丁はお取替え致します．